汉竹主编●健康爱家系列

零基础学养花

王意成 编著

U0260832

江苏凤凰科学技术出版社
·南京·

图书在版编目（CIP）数据

零基础学养花 / 王意成编著 . — 南京：江苏凤凰科学技术出版社，2021.09
（2025.03 重印）
（汉竹·健康爱家系列）
ISBN 978-7-5713-2172-7

Ⅰ. ①零… Ⅱ. ①王… Ⅲ. ①花卉 – 观赏园艺 – 基本知识 Ⅳ. ① S68

中国版本图书馆 CIP 数据核字（2021）第 158982 号

零基础学养花

编　　　著	王意成
主　　　编	汉　竹
责 任 编 辑	刘玉锋
特 邀 编 辑	陈　旻
责 任 校 对	仲　敏
责 任 设 计	蒋佳佳
责 任 监 制	刘文洋

出 版 发 行　江苏凤凰科学技术出版社
出版社地址　南京市湖南路 1 号 A 楼，邮编：210009
出版社网址　http://www.pspress.cn
印　　　刷　江苏凤凰通达印刷有限公司

开　　　本　720 mm×1000mm　1/16
印　　　张　15
字　　　数　200 000
版　　　次　2021 年 9 月第 1 版
印　　　次　2025 年 3 月第 8 次印刷

标 准 书 号　ISBN 978-7-5713-2172-7
定　　　价　36.00 元

图书如有印装质量问题，可向我社印务部调换。

自 序

当奔忙于现实生活中时，总想有个夹带泥土清香、摇曳花枝身影的"花花世界"暂避喧嚣，而这本书就教读者们如何创造一片心旷神怡的小天地。

爱花种花，需要用心养护，新手如若摸不清花草的喜恶，那再容易养的品种也经不起考验，别说净化空气了，养不好还会影响心情。我和花共度了60多年，熟知花草的"脾气"，之所以用简单扼要的图文形式展现出来，是想告诉读者们实现诗意的生活并不难。

书中的标题会直白地告诉读者们该如何决断，比如购买完整的植株，带花苞带花盆更明智；土壤入盆前一定先消毒；除了施无机肥，如何在家自制肥料；别将喜阳与喜阴的花卉颠倒摆放了等。只想让大家不费时、不耗神就能摆平养不活花卉的一切问题。

通过这本书，读者们还会知道赠花和用花礼仪，让我这个"花样爷爷"贴心地告诉大家星座花、生肖花、生日花。熟悉花语，选对花送给合适的人；了解养花益处，做个懂生活的人。还有针对家有病人、老人、孕妇、儿童和宠物等不同情况的养花禁忌……快看看有没有适合你家里的情况吧。

零基础没什么好怕的，我也曾是新手，但有了几十年的积累，我有信心能给读者们一个小小的"世外桃源"。

王意成

2021 年 7 月

目录

第三章

一养就爆盆的草本花卉

第四章

多肉放阳台更易养

第五章

吉祥喜庆的观果植物

第一章
养花入门

零基础也能养好花

养花,养的是心境。谁都不想刚买来的花就养不活,但是也别让害怕先于行动,首先要找到方法,从树立信心开始。

每一个养花高手都曾是新手

有些人养什么花都能活,被形容"花性好";有些人连绿植都养不活,被称为"植物杀手"。但其实,会养花的人并不是有什么过人的特长,他们也是从新手慢慢积累经验而来的,只不过更细心专业,会仔细研究不同花卉的生长习性,有针对性地给予照顾。

从"懒人花卉"开始养

新手可以选择从一些不需要管理太多的"懒人花卉"开始养。所谓"懒人花卉",是指养护管理方便又粗放的花,几天不浇水,它照常生长,多浇了水,它还是长得很好;不施肥,它也能生长,就是长得慢一点;再有一两年不换盆,它仍能正常生长。第一次亲手将花养活之后,会有莫大的成就感。

养花新手,首次应选择喜湿花卉来栽培,如水竹、绿萝、万年青、龟背竹和蕨类植物等,不会轻易被浇死。

其次可栽一年生草花,如百日草、凤仙花、一串红、太阳花等,虽然这些种类的小苗也可能被浇死,但从中总结经验教训也是不错的。

之后,还可以栽一些既耐湿又耐旱的花卉,如黄菖蒲、罗汉松、美人蕉等,因为对初学养花者来讲,因不习惯或是不记得,有时在夏天也忘了浇水,常使植株因干旱而生长受到影响或者枯死。

待有了一点经验后,不妨养那些易栽易管的花卉,如冬珊瑚、夜丁香、吊兰、石榴、迎春、天竺葵、四季秋海棠等。

新手练习的入门之作

从养花的基础知识开始学，为新手上路增加实践经验，体验点滴养花精髓，推荐以下花卉积累养护技巧，开始养花入门之旅。

1 **吊兰:** 外观有一种整体的美，花和叶子融为一体，又兼备吸收空气中有毒气体的能力，对水肥、光照都没有太高的要求，是易养好栽的观叶植物。

2 **芦荟:** 属于多肉植物，耐干旱，一周不浇水也能活。喜光怕烈日，夏季避开强光、晒太阳，可放置在室内通风良好的半阴处养护。

3 **铜钱草:** 叶片小巧圆润，边缘有微微的波浪，酷似铜钱，绿油油的很有生机。喜湿润，耐水湿，越养越多，需要做好分株整形。

4 **月季:** 开花娇艳欲滴，对土壤要求不高，沾土能活，在养殖的过程中只需要注意虫害的防治。开败的花枝修剪掉，又会冒出小嫩芽。

选购爱花的小窍门

无论是幼苗、半成品花或成品花，每一个品种都有不同的特性，但也有共同的选购标准，只要掌握窍门，就能买到优质苗株，在养护过程中起到事半功倍的效果。

1 请懂行朋友来把关

在国内花市上，由于盆栽花卉商品标准化程度很低，出售的苗株有的只有一个中文名字，印在包装纸或贴在盆钵容器上，没有标准的花卉学名和品种名，更多的是摊主给顾客报一个好听的商品名。因此选购时必须谨慎，尤其是没有开花的苗株或种球，更难辨别其真伪。由此，若要选购价位较高的商品苗株，最好请一位懂行的朋友把关。另外，有些苗株虽然是真的，但因为是临时栽的不服盆或是没有根的"盆栽商品"，买回家也是很难养活或养好的，不建议购买。

2 购买完整无缺的苗株

选购苗株的第一感觉是株态好，完整无缺。所谓株态好，就是植株形态或树冠端正，不东倒西歪，枝叶分布匀称，看上去很舒服，顶部完好，没有缺枝或断枝；叶片排列有序，大小匀称，无缺叶、断叶或虫咬叶，刺、毛完整无损；花序完整不掉花，花朵完整不缺瓣，花瓣完整无缺损；挂果匀称，分布均匀，果实发育正常，无畸形、无掉果、无缺损和伤痕。

3 挑选新鲜健康的植株

苗株的茎部挺拔，不萎蔫，皮色纯正，无污斑；叶色青翠欲滴，没有黄叶、枯叶，刺、毛有光泽；花朵丰满，色彩鲜艳，斑纹清晰，有光泽；果实饱满，色泽光亮。

蝴蝶兰要买开花多的，不要买花蕾多的，因为家庭常温养护，环境的变化容易导致落蕾，反而会缩短观花时间。

4 观察发育成熟度

根据生长发育程度，植株大致分为幼苗、半成品花和成品花3类。幼苗，一般指穴盘苗或草本花卉播种出苗后经1次或2次移栽的苗；木本花卉播种后出现2片或3片真叶的苗或扦插生根苗、嫁接成活苗等。半成品花，常指没有上市，但基本定型的苗株，有的已现蕾或含苞待放。成品花，指已上市的盆栽花木。建议衡量后购买成品花，因为已有1~3朵花初开或露色初开(指单朵品种)，能够识别花色、品种。

5 观叶和多肉盆栽购买时间有讲究

购买时间要根据植物的耐寒程度与本地气候来定。以长江流域为准，耐寒性强的观叶植物，如常春藤、苏铁、竹柏等，除冬季严寒时以外，都可以购买。对一些耐寒性稍差的观叶植物和多肉植物，如发财树、鹅掌藤、鹿角蕨、山地玫瑰、熊童子、芦荟等，最好在春季4~5月购买，此时气温趋向稳定，可拥有较长的观赏时间。对那些原产热带地区，在高温、高湿条件下生长的观叶植物和多肉植物，如合果芋、绿萝、竹芋、龙血树、仙人掌等，要在6月初夏时购买，此时的气温、空气湿度都比较接近其原产地，植株恢复快，容易萌发新叶。观叶植物切忌在秋冬季购买，入室后由于温湿度的差异，往往难以恢复，叶片容易黄化、枯萎。

6 观花和观果盆栽的四季选购

春季选购报春花、瓜叶菊等草花，要选1/2小花已经开放的盆花，不要购买幼苗，一是养护期较长，管理麻烦；二是在室内环境难以栽培好。

夏季选购凤仙花、矮牵牛、勋章花等草花，要求植株紧凑、矮壮，叶色深绿并有花球和花苞的盆花。买回可直接欣赏，观花期也长。

秋季选购草本花卉，如长春花、天竺葵等，要求株形矮壮、丰满，叶色深绿，花朵整齐。

冬季选购丽格秋海棠、仙客来、蟹爪兰等，以花朵初开为好。

选购观果植物也以冬季挂果的植株为好，如金橘、冬红果、朱砂根等，挂果越多，营造的吉庆气氛越浓厚。

网上买花"避坑"攻略

网上的花卉品种繁多，而且价格要比实体店优惠，购买也便捷，所以大家更喜欢网络购物。但是新手们在网上买花要注意"避坑"，不然容易上当。

1 买带花苞的

很多新手浏览了店家自己上传的图片，看着非常漂亮就买了种子，但到手后养殖出来往往不是图片上的品种，开出来的花与图片上毫不相关。店家算准养殖周期，会直接下架这款商品链接，导致投诉无果。所以，在网上最好买已经带有花苞的，这样收到货时就能知道对不对。

2 看追评是重中之重

买前着重浏览自己想买花卉的评论，看一看已经拿到手的买家是如何评价的。比较重要的是追评，因为追加评论可以反映花卉在种植过程中后续的质量状况，也可以反映卖家解决问题的态度和水准，还可以浏览到其他买家晒出的花卉实物图片，更能够真切地感受外观和质量。追评能证实这家店的花卉是否达到预期，对其他买家而言是个很好的参照和帮助。

3 天热别在网上买小苗

尤其在夏季，天气闷热，小苗经不起路途中酷暑折磨，到手之后可能已经热"熟"了，即便联系客服协商重新发货，买家也得出运费来回折腾耗费时间，或许下次发过来的也是这个情况。这样只会徒增烦恼，影响养花心情。

4 网购时优先选择本地商家

如果必须要网购，最好选择本地商家，有不少实体花店都开了网店。买花前可以先去实体店看一看，再在网店上下单，一般都有些折扣，并且花的品质也有保障。

5 不要购买裸根的植株

网购挑选盆栽花苗的时候，基本会有两种链接，一种是带花盆的，一种是不带花盆的，这两种方式的价格也相差略大。很多新手都会选择不带花盆的。但是不带花盆的连一次性的营养钵都没有，只是用薄膜把植物根系包裹起来，相当于裸根发货，快递箱受天气或人为影响很容易受损，养不好会造成僵苗。带盆也有可能是没有种好的，直接送苗和空盆让买家自行种植。建议问清客服是哪种带花盆方式，选择带土的那种。

6 收到了别着急确认收货

网购的花到了先别急着付钱，这个时候店家一般都是很热情主动的，就是为了让买家确认。这时一定要看到植株确实没死，对着网上的照片确认一下品种再收货。跟非专业卖家购买，最好让卖家提供实物图片，一物一拍，付款选择第三方支付，避免确认收货后出现不必要的交易纠纷。

土壤不能拿来就用

家养花卉用的土壤，一般来自配置的栽培土壤或专用的花卉营养土。虽然也可以到郊外去采挖山土或田园土，但是并不适合新手。配好的土壤也并不能直接使用，每个人的养护环境不同，需要根据花卉的生长状况，注意配土的改进。

土壤入盆前一定要消毒

为了防止花卉感染病菌，在种植前最好对土壤进行杀毒处理。比较标准的方法是在土壤中细致喷洒稀释好的多菌灵溶液，然后放在阳光能够直射的地方暴晒。杀毒后的土壤须喷适量水，搅拌均匀，调节好湿度后上盆。湿度保持在50%~60%为宜。

有些人会用微波炉对土壤进行高温杀毒，快捷方便。这种方法虽然能够将土壤中的有害病菌杀死，但也会杀死对花卉生长有益的成分，这种方法不推荐使用。

湿润度以能捏成团并自然松散为宜

在高温杀毒后，用手抓一把土壤，握拳捏成团，约1分钟后松开手。土壤呈团状，并能够自然松散，则湿润度适宜。若土壤结成团后不能自然松散，则太湿；若无法捏成团，则说明土壤太干。

绝大部分花卉喜欢酸性土壤

测定土壤酸碱度(pH)，小于7的为酸性土壤，大于7的为碱性土壤，等于7的为中性土壤。可通过pH试纸来测定。绝大部分观赏花卉都喜欢酸性土壤，喜酸性的花卉有夹竹桃、丁香、杜鹃、山茶花等。而常见的喜碱性花卉有茶梅、秋海棠、铁线莲、紫藤、石竹，以及绝大部分的观叶类植物。

草本花卉不要深栽

草本花卉的栽植深度一般是根纵径的2~3倍，如小苍兰的栽植深度为3~6厘米；百合栽植深度为4~5厘米；仙客来的块茎有一半要露出土面。

常用的土壤种类

品种	特性
园土	指经过改良、施肥和精耕细作的菜园或花园中的肥沃土壤，去除杂草根、碎石子，无虫卵并经过打碎、过筛的微酸性土壤。
泥炭土	古代湖沼地带的植物被埋藏在地下，在淹水和缺少空气的条件下，分解不完全的特殊有机物。泥炭呈酸性或微酸性，吸水力强，有机质丰富，较难分解。
蛭石	硅酸盐材料在800~1100℃下加热形成的云母状物质。通气度、孔隙度大和持水能力强，但长期使用容易致密，影响通气和排水效果。
苔藓	一种又粗又长、耐拉力强的植物性材料，具有疏松、透气和保湿性强等优点。
腐叶土	以落叶阔叶树林下的腐叶土为最好。特别是栎树林下由枯枝落叶和根腐烂而成的腐叶土，具有丰富的腐殖质和良好的物理性能，有利于保肥和排水，土质疏松、偏酸性。其次是针叶树和常绿阔叶树下的叶片腐熟而成的腐叶土。也可集落叶堆积发酵腐熟而成。
培养土	常以一层青草、枯叶、打碎的树枝与一层普通园土堆积起来，并浇入腐熟饼肥或鸡粪、猪粪等，让其发酵、腐熟后，再打碎过筛，一般理化性能良好，有较好的持水、排水能力。
珍珠岩	天然的铝硅化合物，用粉碎的岩浆岩加热至1000℃以上所形成的膨胀材料，具封闭的多孔性结构。材料较轻，通气性良好，质地均匀，不分解，保湿、保肥力较差，易浮于水上。
陶粒	由陶土焙烧而成，呈蜂窝状颗粒，直径大小0.5~3厘米。透气性好，但保水性差。

肥料施得对，轻松长爆盆

除天然供给的氧、二氧化碳和水分以外，花卉在生长过程中，可能发生氮、磷、钾不足的现象，需要及时补充。另外，微量元素钙、镁、铁、锰等同样起着一定作用。充分了解肥料的种类及施肥方法是非常重要的。

有机肥不易引起烧根

适合除多肉植物之外的大部分植物。来源主要有各种饼肥、家禽家畜粪肥、鸟粪、骨粉、米糠、鱼鳞肚肠等各种下脚料，都属于自然物质。优点是肥力释放慢、肥效长、容易取得、不易引起烧根等。缺点是养分含量低，有臭味，容易弄脏花卉的叶片。

无机肥养分含量高

适合开花或结果的植物，在开花前或结果前使用。包括硫酸铵、尿素、硝酸铵、过磷酸钙、氯化钙等，也就是人们常说的"化肥"。优点是肥效快、花卉容易吸收、养分含量高，浓度容易控制，适合大规模生产。缺点是使用不当容易伤害花卉。

市售肥可制订使用量

适合相对应的植物，例如兰花专用肥适用于蝴蝶兰、文心兰等，盆花专用肥适用于菊花、天竺葵等。现在，花卉肥料已广泛采用氮、磷、钾配制的"复合肥"，如质量较好的有"卉友""花宝"系列水溶性高效营养肥，还出现了不少专用肥料。优点是

可根据土壤酸碱度和土壤所含微量元素来制订使用量，还可以根据不同花卉种类的需要来施用。

新手施肥方法

混施： 把肥料与土壤按比例混合，垫在盆底，施基肥时使用。

液施： 把肥料与水按照比例配制成溶液浇灌盆土。

撒施： 将肥料洒在盆土上，慢慢深入土壤。颗粒状的复合肥适用。

喷施： 将稀释后的无机肥或专用花肥喷洒在植物的花叶上，适用根系不发达的或附生性植物。

穴施： 在花盆边缘挖洞，把固态肥料放入掩埋好。施固态肥料时适用。

肥饼　　　　　　　　　尿素

在家制肥常用料

淘米水： 将淘米水装入瓶中封口15~20天，淘米水中的糠粉和碎米细粒丰富，含有氮和多种微量元素，稀释后便可作为肥料养护花卉。

残枝败叶： 秋季搜集杨树、柳树、松树以及野草细枝叶，以一层树叶一层园土的比例装入容器中，压实、注水、封盖。待第二年便可作为高营养的酸性肥料施用。

豆渣： 将磨豆浆留下的残渣装入容器，加入10倍清水，夏天经过约10天，秋季经过20天左右便可发酵成功，是非常好的肥料。

需要提醒的是，自制肥料一定要发酵腐熟。使用时需稀释，以免因浓度高灼伤植株根系，导致死亡。不可直接用蛋壳、鸡鸭鱼内脏等作为肥料，未经腐熟，不能提供营养且味道很臭。

把握施肥技巧养出好状态

喜肥程度： 给植株施肥前，要先了解植株的喜肥程度。如吊兰、君子兰等为喜肥植物；仙客来、八仙花等为较喜肥植物；比利时杜鹃、四季秋海棠等为喜少肥植物。

施肥时间： 根据不同品种选择不同施肥时间，例如，三角梅在花期施肥会使花朵更艳丽；而芍药可在初春生长期施1或2次氮、磷结合的肥料，待到现蕾时摘除侧蕾，则开花美丽。

肥料用量： 根据植株的"年龄"，把握施肥时的肥料用量。刚萌芽不久或播种出苗不久的花卉，对肥料要求较少；随着生长加速，肥料的用量逐步增加；到一定阶段后，所需肥料量相对趋于稳定。

生长阶段： 按照植株的生长发育阶段，判断使用哪种类型的肥料。营养生长阶段，需要氮肥多些；孕蕾开花阶段，需要增加磷肥。生长旺盛期应多施肥，半休眠或休眠期则应少施肥或停止施肥。

备齐工具，事半功倍

家庭养花的初学者，在花草的日常养护过程中，需要购置一些必要的园艺小工具，以便更好地管理花草。正所谓，"工欲善其事，必先利其器"。

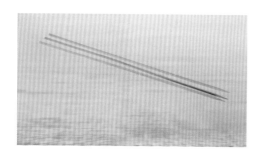

1 用竹签判断盆土是否缺水

将竹签或细木棍插入土壤中，适当停留一段时间后取出。如果没有将盆土带出，则表示盆土干燥，可以浇水。如果有盆土带出，则表示盆土湿润，无需浇水。

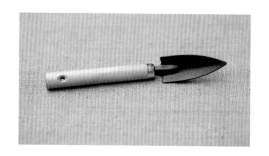

2 小型花盆推荐用迷你铲

铲子用于搅拌栽培土壤，换盆时铲土、脱盆、加土等，是养殖花卉必不可少的工具。一般盆栽的花盆并不大，推荐使用迷你铲就可以了，好收纳易拿放。

3 喷雾器不要直接喷花

空气干燥时向叶面和盆器周围喷雾，增加湿度，去除灰尘；也可喷药和喷肥，控制病虫害。给已经开花的植物浇水，不要直接向着花朵喷，易引起花瓣腐烂。给有细茸毛的观叶植物浇水，也不要直接浇到叶面上，会导致叶片腐烂。

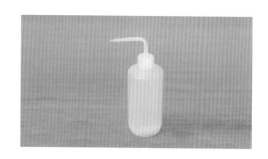

4 用挤压式弯嘴壶浇多肉

养花常用带长嘴和配有细喷头的浇壶，通常有铁皮和塑料两种材质。给多肉浇水时，推荐挤压式弯嘴壶，可控制水量，防止水大伤根，同时也可避免水浇灌到植株中，导致叶片腐烂。浇水时沿容器边缘浇灌即可。

5 镊子精准清除虫卵

用于清除枯叶、植株扦插，也可以用来清除害虫的虫卵。可以用各种类型的镊子，只要顺手就行。

6 嫁接刀让繁殖更简便

用于果树、盆景、苗木嫁接，是繁殖工作的必需品，也是重要的园艺工具，有时也可用刀片代替。

7 修枝剪让株型更美观

修枝剪和剪刀用于剪取插条、插叶、修根、修枝、摘心、更新复壮。例如，花开繁密时，可用小剪刀剪取细枝，保持植株美观，以促进植株生长。

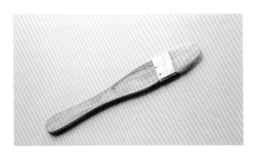

8 刷子清理藏污纳垢

用于球根花卉开花时的人工授粉，提高花卉的结实率。可用软毛牙刷或毛笔、腮红刷等替代，刷去植物上的灰尘、土粒、蜘蛛网及虫卵等。

挑个合适的花盆

花盆的形式多种多样，一个好的花盆应该是坚固、匀称和美观的，而且对花草的生长和室内装饰可起到辅助作用。花草与花盆要平衡、和谐、有整体感，切忌出现头重脚轻或小苗栽大盆的现象。

花盆深度是植株高度的1/4左右

花盆无论其形状和体积如何，首先要能支撑和保护花草的根系，让其吸收充足的水分和养分，并正常生长发育。一般来说，花盆的深度应根据植株的高度来选择，如一株高1.2米的植物，其花盆的深度需达30厘米以上；而花盆直径的大小，一般为容器深度的2/3，即30厘米的深盆，其直径为20厘米左右。

有孔花盆配托盘

最好选择底部有孔的花盆。如果选用底部无孔的花盆，忘记将多余的水倒掉，就容易造成盆器的底部长期处于积水状态，导致花草因根部不透气而死亡。也可与托盘或套盆等防漏装饰容器一起使用。注意经常倾倒积水，防止根系腐烂。

不同材质花盆的对比

塑料盆

质地轻巧、外观美观、价格便宜。透气性和渗水性较差，使用寿命较短。

瓷盆

适宜耐水湿的植物观赏用盆。透气性和渗水性较差，极易受损。

玻璃盆

具有观赏性。缺点是没有排水孔，极易积水，而且容易破损。

陶盆

透气性好、不容易积水、本身具有重量，植株不易倾倒。

木盆

适宜中、大型花卉栽培。但一般体积较大，搬动困难，容易腐烂损坏。

光照保证健康生长

植物生长离不开阳光，在同一株植物上，充分接受光照的枝条，形成的花芽就多，将来开花也多；而光照不足的枝条，形成的花芽就少，将来开花也少。对于一些冬季开花的植物，多晒晒太阳可以促进开花。

喜光的花卉须全光照直射

大部分观花、观果、多肉植物和一小部分观叶类植物都喜强光而不耐荫蔽，如月季、石榴、紫薇、柑橘、苏铁、棕榈等都需要在全光照直射条件下才能正常生长发育。如果阳光不足，则很容易造成枝叶柔软细弱，叶片发黄，不易开花或开花不好，应该将花盆摆放在露天阳台或者室外阳光直接照射的地方。在生长期可将所养的花卉分层摆放在室外通风处。将喜光照的高大花木放在向阳处，前面放些矮小的喜光花木，后面放置喜阴花木。

天竺葵悬挂在室外阳台，触摸叶片会散发香味。

散射光不易晒伤叶片

叶子为扁平鳞片状的和常绿的阔叶花木大多需要较少的光照，如文竹、茶花、绿萝、万年青、常春藤等不能在光照强烈的环境中生长，喜在以散光为主的环境下生长。这类花卉如果一直在强光环境下，则会枝叶枯黄，停止生长，甚至死亡。散射可以通过太阳光照到窗户上，反射出来的光线，或者经过树荫、遮光网等物体遮挡后透下来的光线实现。可将花盆摆放在朝南阳台边、窗台边内侧，还有朝北的全阳台、窗台等位置。

喜阴的花卉在夏季要移至室内

进入夏季应及时将喜阴花卉移至荫棚下或大树荫下，防止强光直晒。对君子兰、杜鹃、仙客来、倒挂金钟、兰花、秋海棠等害怕烈日酷暑的花卉，夏季一定要注意遮阴或将其放置到室内光线充足处，春、秋季放在室外阴处养护，冬季放于室内光线充足的地方越冬。原产于热带雨林、山地阴坡、幽谷等阴湿地带的植物，即使在阳光不太强的地方，也要进行适当遮阴，如春兰、波士顿蕨等。

舍得修剪，植株才长得更好

新手们可千万别因为舍不得修剪，耽误了花草修剪的好时机。及时摘除残花，剪去枯枝、过密枝是养花种草的一项日常性工作，这有三个好处：一是增加植株美观；二是减少养分损失；三是促使花芽生长。

常青藤修枝

蟹爪兰剪去残花，进行更新

1 修枝保持外观整齐

主要修剪重叠的小枝、枯枝等。适用于杜鹃、梅花、常春藤、山茶花等观赏花木。作用是保持树形外观整齐，一般在花后或落叶后进行，注意剪口平整。

2 更新复壮促进生长

主要修剪老枝、病枝、残损枝。适用于梅花、蟹爪兰、扶桑等花灌木和多浆植物。作用是促进新枝生长，达到更新目的。

茉莉重剪

变叶木除叶

3 重剪植株呈丛生状

主要修剪离茎秆基部以上5厘米处的所有新枝与嫩枝。适用于茉莉、月季、扶桑等当年生枝开花的种类。作用是只保留主干主枝，力求植株呈丛生状。

4 除叶保持叶片美观

主要修剪植株上所有叶片。适用于紫藤、金雀花等盆景。作用是常用于盆景的养护，延缓植株生长，保持植株叶片细小美观，通常在5~6月进行。

文竹短截

5 短截促使萌发新枝

主要修剪整个植株或离主干基部10~20厘米以上部分。适用于藤本植物和草本花卉。常用于过高或长势衰弱的植株，通过短截措施，以焕发生机。

山茶花摘蕾

6 摘蕾让养分集中

主要修剪多个花蕾的花枝。适用于芍药、月季、山茶花等。作用是为了使花开得大一点，一个花枝往往只留一个花蕾，其余摘除，让养分集中。

比利时杜鹃摘心

7 摘心焕发生机

主要修剪植株茎部顶端的叶片上方。适用于小菊、长寿花、天竺葵、网纹草、美女樱等植物。作用是促使多分枝，多形成花蕾，多开花，使株形更紧凑。在植株生长期可多次进行摘心处理。

君子兰修根

8 修根梳理根系

主要修剪过长的主根或受伤的根系。适用于移栽或换盆的花卉。作用是减少养分流失、刺激新根系重新生长。换盆时，将老根、烂根和过密的根系适当疏剪整理。

春夏秋冬，这样浇水才靠谱

植物的一切生命活动都离不开水的参与，如光合作用、呼吸作用、蒸腾作用，以及营养物质的吸收、运转和合成等。水的作用能维持细胞的膨压，使枝条挺拔、叶片开展、花朵丰满。同时，植物还依靠叶面的水分蒸腾来调节本身体温。花卉种类繁多，由于原产地环境条件差异很大，季节变化不一样，因此需水量的多少也不尽相同。

春季养根逐渐增加浇水量

应根据气温的变化，逐渐增加浇水量。草本花卉保持土壤湿润，但不能积水，否则根部易出现褐化、腐烂。养根最关键的问题在于做好浇水工作，水大或缺水都易导致坏根现象发生。木本花卉必须在两次浇水中间有一段稍干燥的时间。草本花卉每周浇水1次或2次，木本花卉7~10天浇水1次。

夏季宜在早晨和傍晚浇水

气温升高，花草对水分的需求也相应增加，加强水分补充，不仅可以保证花草健壮生长，还能达到降温增湿的效果。浇水以早晨和傍晚为宜，不要中午浇冷水。草本花卉每1~2天浇水1次，高温时每天浇水1次或2次。多年生宿根花卉，每周浇水2次或3次。球根花卉高温时每周浇水1次或2次。水生花卉不能脱水。盆栽木本花卉，发现2~3厘米深的盆土已出现干燥，则立即浇水。观叶植物早晚适当向叶面喷雾。夏季室外养护，多数花卉要防大雨积水，地栽花卉雨后应及时排水。

秋季注意及时补充水分

秋季气温开始下降，日温差逐渐加大，雨水明显减少，天晴日数增多。草本花卉茎叶水分蒸发量较大，需要及时补充水分，以防叶片凋萎，影响生长和开花。一般来说处于休眠中的植物，即便是在秋季也要注意浇水量的控制，盆栽需要保持土壤湿润，并向叶面喷雾，保持较高的空气湿度。

冬季水温尽量接近室温

冬季给室内花草浇水，必须视室温的变化来调节。北方室内环境干燥，可以向叶面喷雾，北方水呈碱性，最好酸化后再浇花，可以贮存雨水浇花或者用稀释后的硫酸亚铁矾肥水增加空气湿度。长江流域一般浇水不要过多，浇水间隔的时间要视室温变化而定。浇水以晴天中午为宜，水温尽量接近室温。若花草已经进入冬季休眠期，其根部对水肥的吸收缓慢，盆土不干不用浇水，坚持"见干见湿"的做法。

病虫害，坚持预防为主

常见病虫害的防治方法

病虫害种类		防治
叶斑病		剪除病叶，通风透光，用75%百菌清1000倍液或50%克菌丹500倍液喷洒，7~10天喷1次，连喷2次或3次。
白粉病		浇水时避免淋湿叶片，及时摘除病叶并喷洒50%多菌灵可湿性粉剂1000倍液或25%十三吗啉乳油1000倍液。
灰霉病		发病初期开窗通风，降低空气湿度，剪除病叶，用70%甲基硫菌灵可湿性粉剂800倍液或50%多菌灵可湿性粉剂800倍液喷洒防治。
炭疽病		及时剪除病叶，通风，并用50%炭疽福美500倍液或25%咪鲜胺乳油3000倍液喷洒防治。
锈病		及时剪除病叶，发病初期用12.5%烯唑醇可湿性粉剂2000倍液喷洒。平时不要弄湿叶片，可降低染病率。
介壳虫		注意通风透光，剪除虫枝，若虫孵化期，用40%速扑杀乳剂2000倍液喷洒，每隔10天喷1次，连喷3次。家庭可用竹签轻轻刮除。
蚜虫		春秋季虫体呈棕色至黑色，夏季呈黄绿色。少量时可捕捉幼虫，用黄色板诱杀有翅成虫或用烟灰水、皂荚水、肥皂水等涂抹叶片和梢芽。量多时用40%氧化乐果乳油1000倍液喷杀。
斑枯病		发病前，可喷洒波尔多液或波美0.3度石硫合剂预防。发病初期用50%多菌灵可湿性粉剂600倍液喷洒。
红蜘蛛		又叫朱砂叶螨，危害期用40%扫螨净乳油4000倍液或40%氧化乐果乳油1500倍液喷杀。家庭可用水经常冲刷叶片或用乌桕叶、蓖麻叶水喷洒灭杀。
白粉虱		在黄色胶合板上涂黏胶剂进行诱杀；或用塑料袋罩住盆花，用棉球滴上几滴80%敌敌畏乳油，放进罩内下部，连续熏杀几次即可消灭。

繁殖，让一盆变多盆

花卉的繁殖也是非常吸引人的，过程会让你充满期待。植物采用的繁殖方法主要有播种、压条、嫁接、分株和扦插。熟悉了繁殖方法后，体验一下妙不可言的繁殖流程吧。

1 播种适用于大量繁殖

通过种子的播种和培育来实现。买种子时要选适合本地栽培的种类，确定播种时间，准备播种盆、消毒后的配土，选择的花卉品种要和季节相对应。有些品种的花卉季节性很强，比如金盏菊、三色堇等适合秋季播种；春夏季适合播种夏堇、鸡冠花；而一串红、四季海棠、百日草等只要条件适宜，一年四季都可以播种。有些花卉育苗的要求非常高，需要精心照料，随时注意对育苗时的温度、湿度和光照条件进行控制。播种繁殖的优点是植株根系强大、生命力旺盛、适应性较强、寿命较长，能在短期内得到大量植株。

2 压条繁殖成苗率高

压条操作起来比较繁琐、繁殖系数较低，但成活率、成苗率高，很适合扦插生根困难或嫁接愈合成活率低的木本花卉，如月季、绣球花、含笑等。常用高空压条、堆土压条和波状压条法。

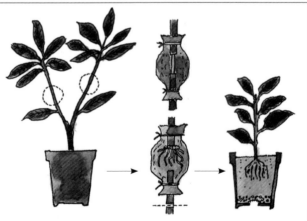

将未脱离母株的枝条在预定的发根部位进行环剥或刻伤，之后将长出新根的枝条剪离母株，即成新的植株。

3 嫁接繁殖保持品种特性

人们有目的地利用两种不同植物能结合在一起的能力，将植物体的一部分枝、芽接在另一植物体上，培养成新的独立植株。嫁接繁殖的优点是能保持品种特性，开花结果早，适用于矮化、抗病、一株多花和扦插难生根等目的。其缺点是操作繁杂，技术性高，植株寿命短。在木本花卉中常用芽接法和枝接法。

4 分株繁殖简单安全

多在春季结合换盆或移栽时进行，就是将母株分割成数株或将子株从母株上分割下来，多用于茎叶呈丛生状的观叶和草本花卉，如君子兰、吊兰、文竹、兰花等，在早春或秋季进行，一般分株苗的生长势比播种实生苗差。另外，有些花卉如太阳花、矮牵牛、绿萝等，其接近地面的茎节受潮后常生不定根，将生有不定根的植株剪下也可盆栽。

5 扦插繁殖成苗快、开花早

主要用茎插，茎插根据枝条的成熟度，分嫩枝扦插、半成熟枝扦插和硬枝扦插。切取花卉的根、枝、芽、叶等的一部分，插入培养基质中，使其生根发芽，形成新植株的一种方法。决定切取哪个部分，是要根据各种花卉植物不同器官的再生能力来决定的。优点是成苗快，开花早，繁殖容易，对不易产生种子的花卉，多采用这种方法。

长寿花剪叶扦插

赠花礼仪需讲究

简单的送花却蕴含复杂的学问，用花卉来表达的语言非常丰富，面对不同的节日、场合和人群，该送什么样的花，送花人可要好好研究一下。

重要年节的赠花

春节： 每年最喜庆的传统节日，人们除旧迎新，想要讨个吉利。在送花给客户、同事、上司、亲朋好友时优先选择色彩鲜艳、有富贵气的花卉。比如牡丹、南天竹、月季、杜鹃、唐菖蒲、金橘等，为节日增添欢乐吉祥气氛，给他人送去美好快乐。

元宵节： 佳节里，人们通常用火鹤来表达红火和吉祥，营造喜庆、祥和的气氛是最合适不过的了。

中秋节： 在全家团圆的日子，人们通常用唐菖蒲、兰花、百合等花卉，配一些应季水果，组成一个花篮，表达合家团圆、家道兴旺。

重阳节： 可以向亲朋好友赠送非洲菊来表达追求丰富多彩的生活，因为菊花品种象征高洁和长寿。

各种场合的赠花

公司开业： 在亲朋好友公司开业的时候，可以选择牡丹、一品红、发财树等花卉赠送，预祝其开业大吉，生意兴隆。

探望病人： 可选择素净淡雅的马蹄莲、素色苍兰、剑兰、康乃馨等表示问候，选择黄月季祝愿早日康复。

庆祝生日： 庆贺同辈生日，可以选择石榴花、象牙花、红月季等，表达青春永驻、前程似锦的祝愿。祝福长辈寿辰，可以选择万年青、寿星草、龟背竹等，以示祝愿健康长寿之意。

恋人送花： 可以选送花色艳丽、花香浓郁的鲜花，首选百合、玫瑰、牡丹、月季和郁金香，表示幸福美满。

大花惠兰是高贵和富有的象征，适合节日馈赠。

不同人群的赠花

老年人：可给老年人居室周围摆放些树木花草，以充实生活内容、绿化环境、净化空气、增加生活气息与情趣。古有"寿者乐花"的谚语。选择鹤望兰、春兰、石斛、君子兰、仙客来、常春藤、长寿花等花卉赠送长者，表达幸福美好、合家欢乐、福寿康宁之意。

在寿辰中赠送鹤望兰，寓意"祝老人似仙鹤般长寿"。

小朋友：给小朋友送花之前，首先要考虑到他们的个性、爱好，还要考虑到实用性、安全性和启发性。通过奇特、美丽的花卉，以培养小朋友对大自然的热爱，还能启发他们的思维能力。可以选择凤仙花、雏菊、含羞草、金盏菊、蝴蝶兰、风信子等花卉，它们象征着幸福、纯洁、天真和美丽。

风信子是"幸福"的象征，赠送给小朋友，表达祝愿快乐之意。

孕产妇：作为女性中"特殊群体"的孕产妇来说，在休闲生活中，赏花种花也是十分有益的。赠花首选绿色的观叶植物，如吊兰、文竹、虎尾兰、鸭脚木等，这些清新幽雅的绿色是保护眼睛、调节神经的理想色调。它们植株不大，不含有毒物质，很少有病虫危害。观花宜选紫色和蓝色花的种类，如鸢尾、金鱼草、洋桔梗、紫罗兰、矮牵牛等，它们的紫色品种可使孕妇心境恬静，蓝色品种有良好的镇静作用。

紫罗兰可使孕妇心境平和。

居家养花有禁忌

有些花茎叶内含有毒性的汁液；有的花香过于浓郁，久闻后易引起头晕或不适；有的带刺花卉易误伤儿童……所以还是要小心处理这些家养花卉，譬如不要损伤其茎叶，触摸后及时洗手，浓香的盆花可暂放室外欣赏或摘除部分花朵、花药等。

室内养花不要过多

花卉在白天吸收光照产生能量，把二氧化碳和水合成富能有机物，同时释放出氧气。但是在夜幕降临的时候，花卉无法进行光合作用，不但不放出氧气，还会吸收走室内的氧气，对人体的健康会造成影响，所以建议在室内不要养太多花。

有毒的花要放在室外阳台

有些观花植物是有一定毒性的，散发的香气会影响人体的中枢神经，或者是其汁液会引起皮炎和中毒，如夹竹桃、虎刺梅、马缨丹、长春花等。这些花可以放在室外阳台养护，并注意不要随便食用花卉的各个部位。

家人体弱多病谨慎养花

盆土中产生的真菌孢子，如果散播到空气中，会引起皮肤感染，或伤害呼吸道和外耳道等，如果家里有体弱多病的人，养花要谨慎。

特定人群慎养的花卉

老年人和孕妇建议不要养含有毒物质和花香过浓的花卉，如花叶芋、变叶木、一品红、龟背竹、报春花、夹竹桃、百合、夜香树、马缨丹等。对大多数人来说，虽然这些花卉中含有某些毒素，但只要不去触摸它们的枝叶或拿它们作菜、药食用，家养是没有太大问题的。

家有儿童不适宜养殖多刺或者有毒的花卉，比如接触或误食曼陀罗会出现肌肉麻痹、呼吸困难等症状；乳茄、仙人掌、虎刺梅、龙舌兰等有刺，接触易受伤害。

家有宠物须选无毒花卉

很多喜欢花卉的朋友家里会养可爱的宠物，但家有宠物的朋友养花要谨慎，因为猫狗喜欢到处舔，有些常见的花卉虽然对人没什么伤害，但是宠物误食后会中毒。比如误食万年青、芦荟、百合会流口水、呕吐，少见的还有呼吸困难症状；啃咬鸢尾花、虞美人、水仙、郁金香等会造成腹痛腹泻、肠胃积血，甚至昏迷等。

郁金香有浓烈的香气，闻多了会让人头晕、胸闷。

触摸观赏辣椒果实后，再接触眼睛会引起灼痛感。

百合是猫咪的"天敌"，猫咪误食会造成急性肾衰竭。

白兰花属于大型盆栽，盆土外露面积大易滋生真菌。

第二章

新手从观叶植物开始养

Chlorophytum comosum

吊兰

别名：挂兰、钓兰、折鹤兰。
科属：百合科吊兰属。
花期：春夏季。
花语：希望、娴静、奉献、青春永驻。

喜温暖、湿润和半阴的环境。不耐寒，怕高温和强光暴晒。不耐旱和盐碱，忌积水。生长适温为18~20℃，冬季7℃以上叶片保持绿色，4℃以下易发生冻害。

❀选购

选购盆栽时，要求植株整齐，子株悬挂匀称，不凌乱，叶片青翠、光亮，无缺损；斑叶种，绿白镶嵌清晰，没有黄叶和病虫害痕迹。携带时防止折断或擦伤。

选盆 / 换盆

盆栽或吊盆常用直径15~20厘米的盆，每盆栽苗3株。根长出盆底时立即换盆。

配土

盆土可用园土、腐叶土或泥炭土、河沙的混合土壤。

浇水 / 光照

春季充分浇水和光照，每月用25℃温水淋洗1次。夏季每周浇水2次，注意遮阴和喷水，保证盆土湿度均匀。秋季盆栽植株搬进室内，保持在室温10℃以上，每周浇水1次，并经常向叶面喷雾。冬季每周浇水1次，室温保持在7℃以上，适度光照。

施肥

生长期每旬施肥1次，冬季每月施肥1次，可选用"卉友"20-20-20通用肥或腐熟的饼肥水。养分不足会引起叶尖褐化、叶色变淡，甚至凋萎干枯。

修剪

随时清除沿盆枯叶，修剪匍匐枝，保持叶片清新。经常转动盆位，使吊兰枝叶生长匀称。若是水培吊兰，需随时摘除黄叶，修剪过长的花茎，每10天转动瓶位半周，达到株态匀称。

繁殖

分株：春季换盆时进行。将过密的根状茎掰开，去除枯叶和老根再分栽。也可从匍匐枝上剪下带气生根的幼株直接盆栽，春秋季10天左右便可生根。播种：4~5月进行，覆浅土，发芽适温为18~24℃，播后15~20天发芽。

病虫害

主要有灰霉病、炭疽病和白粉病，发病初期用50%多菌灵可湿性粉剂500倍液喷洒。有时发生蚜虫危害，可用50%杀螟松乳油1500倍液喷杀。

不败指南

Q 冬季吊兰的叶片为什么发黄、卷缩，出现褐色斑点？

冬季空调房室温过高或光线不足时，吊兰的叶片会发黄或凋落。此外，土壤过干会造成叶片卷缩并带有褐化斑点，边缘黄化。因此，冬季养护吊兰保持室温在7℃以上即可，每周浇水1次，晴天午间向叶面喷雾，保持叶面清新。

赠花礼仪

吊兰宜送给文人雅士和乔迁新居的朋友。

吊兰的匍匐枝繁殖

1. 将长有新芽、长度5~10厘米的匍匐枝剪下。
2. 在盛有土的容器中，将剪下的匍匐枝栽种好，浇透水。
3. 放阴凉处缓苗，约1周后生根，再过20天可移栽上盆。

Asparagus plumosus

文竹

别名：云片竹、云竹、刺天冬。

科属：百合科天门冬属。

花期：夏秋季。

花语：永恒、天长地久。

喜温暖、湿润和半阴的环境。不耐寒，怕强光暴晒和干旱，忌积水。生长适温为15~25℃，冬季不低于5℃。夏季如高温干燥，叶状枝易发黄脱落。

❀ 选购

选购盆栽时，要求植株挺拔，株态优美，基部枝叶集中，上部枝叶散开，呈伞状；枝叶深绿色，密集，无黄叶和掉叶。

🪣 选盆 / 换盆

盆栽常用直径12~15厘米的盆，吊盆常用直径15~18厘米的盆，开花结种需用直径20~25厘米的盆。盆栽每年换盆1次，吊盆每2年换盆1次。

🐛 配土

盆土用园土、腐叶土和河沙的混合土。

💧 浇水 / 光照

春季生长期盆土保持湿润，浇水量不建议过多，否则易烂根、落叶。适度光照。盛夏时向株丛喷雾，增加空气湿度。及时遮阴，避免强光暴晒。秋季减少浇水量，盆内不能积水。冬季根据室内的温度控制浇水量，避免盆土过于湿润。

🧪 施肥

生长期每月施肥1次，用腐熟的饼肥水，或用"卉友"20-20-20通用肥。此外，每月可追施1次或2次含有氮磷的薄肥。开花期施肥不要太多，在5~6月和9~10月分别追施液肥2次即可。

修剪

春季换盆时，适当修剪整形。新蔓生长迅速，必须及时搭架，以利通风透光，对枯枝、老蔓适当修剪，促使萌发新蔓。在新生芽长到2~3厘米时，剪去生长点，可促进茎上再生分枝和叶片，并能控制其不长蔓，使枝叶平出，株形不断丰满。

繁殖

分株：在春季结合换盆进行，将根扒开，不要伤根太多，根据植株大小，选盆栽或地栽。分栽后浇透水，放到半阴处进行养护。以后浇水要适当控制，否则容易引起黄叶。
播种：以室内盆播为主，一般点播于浅盆，不建议覆土过深，浸水后用薄膜盖上，以减少水分蒸发，盆土保持湿润，放置于阳光充足处。

病虫害

常有灰霉病和叶枯病危害叶状茎，发病初期用70%甲基托布津可湿性粉剂1000倍液喷洒。夏季易发生介壳虫和红蜘蛛危害，发生时可用40%氧化乐果乳油1000倍液喷杀。

文竹的分株繁殖

1.从盆中将母株取出后，去掉根部泥土。

2.以3株或4株苗为一丛，将植株轻轻分开。

3.将分株苗居中扶正，加土至离盆口2厘米处为止。

4.盆栽后浇透水，放半阴处养护。

Q 不败指南

为什么文竹的枝叶发黄了，一直脱落？

文竹枝叶发黄脱落的原因有以下几方面：盆土板结不透气；长期不施肥，盆土瘠薄，枝叶自然发生枯黄；长时间在强光或过阴处摆放；室内长期有人吸烟或新装修居室的污染等。因此要改善居室环境，并调整养护措施，才能使文竹慢慢恢复生机。

养花有益
文竹可清除空气中的细菌和病毒，降低传染性疾病的发生率。

Peperomia obtusifolia

豆瓣绿

别名：椒草、翡翠椒草、青叶碧玉。

科属：胡椒科草胡椒属。

花期：夏季。

花语：公平、公正、坚持、信念。

喜半阴环境，不耐寒，忌高温、强光。生长适温为18~27℃，冬季温度不低于10℃。

❀选购

选购盆栽时，要求茎匍匐，多分枝，下部节上生根，节间有粗纵棱。叶密集，大小近相等，4片或3片轮生，带肉质，有透明腺点。

选盆 / 换盆

盆栽用直径10~15厘米、高10厘米左右的盆最好，花盆过大、盆土过多会影响根部生长。换新盆排水孔处垫几片碎盆片，之后将植株带着土球取出，清掉多余的土和烂掉的根，冲洗晾干，再栽进去。

配土

盆土用泥炭土、黏土和河沙的混合土。

浇水 / 光照

春季可以每周浇1次水，促进植株长出新的枝叶，适度光照。盛夏时水分散失快可以3天浇1次水，还可以在植株周围喷水，及时遮阴，避免强光暴晒。秋季盆中土壤干燥马上浇水，一般6天左右浇1次水。冬季可在土壤干透之前稍微浇点水，摆放在向阳处。

施肥

生长期需要每隔40天的时间施1次复合肥料，或者施一定含量以氮为主的肥料。到了秋季，需要将氮肥改成磷肥或者钾肥，施肥的次数大概为每月施1次，这样也为越冬储备了大量的养分。

▲ "皱叶"品种　　　　▲ "斑叶"品种　　　　▲ "银叶"品种

✄ 修剪

生长较为紧密的枝条要适当疏剪，可以减少遭受病虫害的概率。长到十几厘米时要进行摘心，能让植株更低矮紧凑。已经遭受病害的枝叶要修剪掉，不要碰到健康的枝条。换盆时要将烂根、枯根剪掉。

🌱 繁殖

分株：用刀将豆瓣绿植株分成多丛子株，分别栽种。扦插：在4~5月进行，选10~12厘米健壮的枝条，保留上部1~2片叶子，将切口晾干插入泥土。叶插：在5月进行，剪取健壮的叶片并晾干，将叶柄折成45°插入土中。

🗍 病虫害

常有环斑病、茎腐烂病，可定期喷洒波尔多液进行防治，出现时用50%多菌灵可湿性粉剂1000倍液喷洒。夏季易发生介壳虫和红蜘蛛危害，发生时可用40%氧化乐果乳油1000倍液喷杀。

Q 不败指南

为什么豆瓣绿冬天总是养不活？

冬天养护豆瓣绿需要很好地控温，它不耐寒，最好让温度稳定在10℃以上。室内有暖气的，直接搬到暖气房，没有暖气的，可套上塑料袋。豆瓣绿喜光，冬天光照又柔和，可全天都晒太阳，保证充足的光照。低温环境下，它的生长速度慢，对水分、养分的需求都很少，此时浇水要减少，不干不浇。施肥要停止，避免肥害。

虎尾兰
（虎皮掌）

Sansevieria trifasciata Prain

别名：虎皮兰。

科属：龙舌兰科虎尾兰属。

花期：春夏季。

花语：坚韧顽强。

喜温暖、干燥和半阴的环境。不耐寒，耐半阴，忌水湿和强光。生长适温为13~24℃，冬季温度不低于10℃，5℃以下易受冻害。

❀选购

选购虎尾兰时，要求株高不超过60厘米，叶丛均匀，叶片肥厚、挺拔、斑纹清晰者为宜；金边品种，边缘黄色带宽阔明显，叶片无缺损、折断，无病虫危害。

▽选盆 / 换盆

常用直径15~20厘米的盆，以白色塑料盆或紫砂花盆更佳。每2~3年换1次盆。

꧁配土

盆土以肥沃、疏松和排水良好的腐叶土壤为好，可用腐叶土、园土和沙的混合土，加少量骨粉。

◊浇水 / 光照

春季生长期盆土稍湿润，每2周浇水1次。植株长出新叶后，可多浇水。夏季高温季节，盆栽植株需遮光50%，每周浇水1次，每天喷雾1次。避开强光暴晒，以免叶片灼伤。秋季盆栽植株摆放在阳光充足处，每10天浇水1次，室内空气干燥时，适当喷雾。盆土保持微干状态。冬季放温暖、阳光充足处越冬。

▣施肥

生长期每半月施肥1次，用腐熟饼肥水。

✄ 修剪

发现有黄叶或病叶时，需随时剪除。金边品种若发现全绿叶片，也要剪除。要特别注重花后的修剪，可帮助萌发新枝，使植株更丰满。

🌱 繁殖

分株：以早春时结合换盆为好，将生长拥挤的植株脱盆后，去除宿土，细心扒开根茎，每丛3片或4片叶栽植即可。栽后盆土不要过湿，否则根茎伤口易感染病菌而腐烂。扦插：5~6月进行，常用叶插法，插后4周生根。

🪴 病虫害

常发生炭疽病和叶斑病，可用70%甲基托布津可湿性粉剂1000倍液喷洒。虫害有象鼻虫，可用20%杀灭菊酯2500倍液喷杀。

Q 不败指南

叶片基部易感染腐烂病，黄化而干枯怎么办？

该现象多因虎尾兰越冬时浇水过多所致。冬季应保持盆土微干状态，每月浇水1次，若室温低于5℃，停止浇水。

养花有益

虎尾兰叶具有清热解毒的功用。鲜虎尾兰叶捣烂，外敷患处，对跌打、疮疡、蛇咬伤有效。

"金边短叶"品种

"佛手"品种

"黄斑"品种

Begonia rex Putz.

蟆叶秋海棠

别名：毛叶秋海棠、帝王海棠。

科属：秋海棠科秋海棠属。

花期：冬季。

花语：亲切、诚恳、相思、苦恋。

喜温暖、湿润和半阴的环境。不耐寒，怕高温和干旱，不能强光暴晒。生长适温为14~22℃，温度超过32℃，生长缓慢。

❀ 选购

购买盆栽植株要求株形丰满、叶片繁茂、紧凑、稍平展、无缺损。叶片大小均衡，叶色鲜艳，斑纹清晰，无病虫或其他污斑。

🪴 选盆 / 换盆

盆栽用直径12~15厘米的盆。每年春季换盆，剪去部分老叶，将根茎分开，将带有2条或3条健壮根系和部分叶片的仔株直接盆栽。

🐛 配土

以肥沃、疏松和排水良好的腐叶土壤为佳，可以使用培养土、泥炭土和粗沙的混合土。

💧 浇水 / 光照

生长期盆土保持湿润，夏季3~4天浇1次水，冬季植株处半休眠状态，少浇水或停止浇水，盆土过湿会导致根茎腐烂。秋季向土壤表面喷雾，保持空气湿度60%~70%，有利于新叶生长。

🧴 施肥

不要沾污叶片，可用"卉友"20-20-20通用肥。

✂ 修剪

夏季叶片交叉拥挤，影响新叶生长，需摘除基部的老叶，栽培4~5年后，植株长势明显减弱，应重新扦插更新。

🌱 繁殖

分株：可结合春季换盆进行，将根茎分切成数段，每段都要带有新芽和叶子，等伤口稍晾干后分别栽于盆中，栽植深度以根茎上部与土面齐平为宜。叶插：可在夏季剪取成熟的叶片，用刀在叶背主脉分枝处切几刀，然后平铺在扦插床的沙面上，可在叶片上压几块小石子保持较高的空气湿度。在半阴的条件下，4~6周后各切口部产生芽丛，下部生根，等根和芽稍大一些后就可将各芽丛分开栽种。

病虫害

常发生炭疽病，在根茎的部位会有褐色的斑，时间长了根部就会腐烂。发现之后要及时切除，并及时使用托布津剂防治。

Q 不败指南

为什么蟆叶秋海棠叶片突然发黄了？

蟆叶秋海棠喜温暖、湿润和半阴的环境。如果养护的环境出现温度偏低、空气干燥和受到强光直射，其叶片就会发黄。要采取提高室内温度、向植株周围和地面喷雾、提高空气湿度和适度遮光处理等措施，才能使长出的新叶恢复原样。

赠花礼仪

宜在朋友之间互相赠送，以表想念。

"红叶"品种

"火怪"品种

"圣诞快乐"品种

Hosta plantaginea (Lam.) Aschers.

玉簪

别名：玉春棒、白鹤仙、玉泡花、白玉簪。

科属：百合科玉簪属。

花期：夏秋季。

花语：冰清玉洁、脱俗。

喜温暖、湿润和半阴环境。较耐寒，怕干旱和强光暴晒。生长适温为15~25℃，冬季能耐-5℃低温。

❀选购

选购盆花要求株形健壮，叶基生，卵状心形，成丛，排列有序，绿色，斑叶者更好。花茎从叶丛中抽出并已开花，重瓣花更佳。购买种子要求饱满、充实、新鲜。

选盆 / 换盆

盆栽用直径20厘米盆，每盆栽苗4~6株。每2年换盆1次，早春进行。

配土

盆土用培养土、腐叶土和沙的混合土。以肥沃、疏松和排水良好的沙质壤土为宜。

浇水 / 光照

生长期需充分浇水，春季至秋季每天浇水1次，保持盆土湿润。但盆土过湿会引起叶片枯黄萎蔫。地上部叶片枯萎后的休眠期，每周浇水1次，保持盆土稍湿润。春、秋、冬三季阳光不是太强烈，可将玉簪置于能直晒到阳光的地方。夏季高温时节要避免阳光直射，否则植株叶片容易发黄、焦枯。

施肥

生长期每月施肥1次，用腐熟饼肥水或用"卉友"20-20-20通用肥。

修剪

花谢后剪除花茎，叶片枯萎后剪去枯叶，适当培土，保护好顶芽。

繁殖

分株：玉簪栽植一年后，一般可萌发3~4个芽，即可进行分株繁殖。播种：可在9月于室内盆播，在20℃条件下约30天可发芽出苗，春季将小苗移栽露地，培养2~3年可开花。也可将种子晾干贮存于干燥、阴凉处，翌年3~4月再播种。

病虫害

发生斑点病初期，及时摘除病叶，然后立即喷药防治，可用75%百菌清可湿性粉剂500~800倍液，或50%代森铵800~1000倍液，每5~7天喷1次，共喷2次或3次。发生炭疽病可采取70%甲基托布津1000倍液或80%炭疽福美可湿性粉剂喷雾，7~10天喷1次，连续喷2次或3次。发生白绢病的病株及时拔除，也可施入石灰调节土壤pH防治；药剂防治可采用20%甲基立枯磷乳油溶液或90%敌可松可湿性粉剂溶液。

Q 不败指南

玉簪为什么长得慢？

玉簪长得慢有可能是根系没有生长稳定，然后植株的弱枝太多，分摊掉了植株根部的养分。这个时候需要对玉簪进行修剪，可以将植株上徒长的枝叶剪掉，这样就能慢慢生长了。

养花有益

适量玉簪花水煎，取汁含漱，治疗牙痛、咽喉痛；适量捣敷，治疗烧伤。

"远大前程"品种

"缤纷节日"品种

"法兰西威廉"品种

"边境街道"品种

Dracaena fragrans

香龙血树
（巴西木）

别名：巴西铁、巴西铁树、巴西铁柱。

科属：天门冬科龙血树属。

花期：夏季。

花语：幸福。

喜高温、多湿和阳光充足环境。不耐寒，耐阴，喜湿怕涝。生长适温为18~24℃。冬季温度低于13℃进入休眠，5℃以下低温，植株易受冻害。

❀ 选购

选购以茎干粗壮直立，单干株高在20~40厘米，3干株高在80~150厘米，叶片无缺损，无虫斑，斑纹清晰者为好。

选盆 / 换盆

盆栽用直径15~20厘米盆，3个茎干的用直径25厘米盆。当根长满盆器时在春季换盆。一般新株每年换盆1次，成年植株2~3年换盆1次。

配土

盆土用肥沃园土、泥炭土加少量沙的混合土。

💧 浇水 / 光照

春秋季保持盆土湿润，空气湿度保持70%~80%；夏季每5~7天浇水1次，每月将盆器浸泡在水里1次，冬季以稍干燥为好。生长期盆土过于干燥，空气湿度不高，都会引起叶片发黄。春、秋季需充足阳光，夏季怕强光暴晒，容易灼伤，以半阴为好。

施肥

生长期每半月施肥1次，可用腐熟饼肥水，或用"卉友"20-8-20四季用高硝酸钾肥。冬季室温低于13℃，应停止施肥。若氮肥施用过多，则叶片金黄色斑纹不明显，影响观赏效果。

▲"也铁门"品种　　　▲"中斑龙血树"品种　　　▲"旋叶龙血树"品种

▲修剪

修剪盆栽时，植株生长过高或老株基部脱脚，可重剪或摘心，促使多分枝，扩大树冠。平时剪除叶丛下部老化枯萎的叶片。

▲繁殖

扦插：春、夏季宜剪取半成熟枝或无叶的茎段扦插繁殖。

▲病虫害

常见叶斑病和炭疽病危害，可用70%甲基托布津可湿性粉剂1000倍液喷洒。虫害有介壳虫和蚜虫危害，可用40%氧化乐果乳油1000倍液喷杀。

Q 不败指南

栽种后叶片颜色越来越差了怎么办？

叶片颜色变难看，原因有很多，主要是长期光照不足、浇水过多、肥料不足等引起。改进方法为多见阳光，移向窗口；适度浇水，每次必须浇透；向叶面喷洒1次或2次观叶植物专用复合肥。

赠花礼仪

公司开业时宜作为礼品赠送，祝贺乔迁之喜。

Schefflera octophylla Hay.

鸭脚木
（鹅掌柴）

射手座守护花

别名：七叶莲、伞树。

科属：五加科鹅掌柴属。

花期：夏季。

花语：休憩。

喜温暖、湿润和半阴环境。不耐寒、不耐旱，忌积水。生长适温为20~30℃，冬季温度不低于13℃，5℃以下叶片易受冻脱落。

❀选购

选购时要求植株造型好，茎干粗壮，枝叶丰满，叶片深绿有光泽，无缺损，无断叶和无病虫者为佳。

🪴选盆 / 换盆

常用直径15~20厘米的盆。需1~2年就换1次盆，时间最好选在春季，气温逐渐回升后再换盆。

🐛配土

盆土用腐叶土、泥炭土和粗沙的混合土。

💧浇水 / 光照

生长期保持盆土稍湿润，若盆内积水或时干时湿，易引起叶片脱落。夏秋季空气干燥，多向叶面和地面喷雾，增加空气湿度，对茎叶生长有利。冬季以稍干燥为好。在明亮的光线下，叶片斑纹会更清晰有光泽。怕强光暴晒，夏季需遮光70%。

施肥

生长旺盛期，每半月施肥1次，可用腐熟饼肥水，或用"卉友"20-20-20通用肥。冬季停止施肥。

✂ 修剪

幼株进行疏剪、轻剪，以造型为主。如果老株过高，进行重剪调整。盆栽植株易萌生徒长枝，应及时剪除，保持优美株形。

🌱 繁殖

扦插：在春秋两季用当年生的枝条进行扦插，剪下顶生枝条，每段带3个以上的叶节，去掉下部叶片，插于沙床，1个月后可生根。压条：在健壮的枝条顶梢下15~25厘米处把树皮剥掉1圈，深度以把表皮剥掉为限，剪取包有淋湿园土的薄膜包扎环剥的部位，4~6周后生根，生根后把枝条边根系一起剪下即可栽植。

🧴 病虫害

常发生炭疽病和叶斑病，可用70%甲基托布津可湿性粉剂1000倍液喷洒。虫害有象鼻虫，可用20%杀灭菊酯2500倍液喷杀。

Q 不败指南

怎么样才能使鸭脚木爆盆？

鸭脚木生长迅速，要想分枝多，树冠丰满，必须整形修剪，最好在5~7月进行，将盆栽植株的枝干剪掉1/3，等新芽长出后再修整。这样经过2次或3次的修剪整形，分枝多了，枝叶繁茂了，株形也优美了。

赠花礼仪

鸭脚木的叶子像烟花一样散开，看起来十分热闹，宜送乔迁新居的人。

"卵叶"品种

"黄金"品种

"斑叶卵叶"品种

Caladium bicolor

花叶芋

别名：五彩芋。

科属：天南星科五彩芋属。

花期：春季。

花语：欢喜、愉快。

喜高温、多湿和半阴环境。不耐寒，生长适温为21~27℃。

❀选购

选购花叶芋，要叶柄光滑，长15~25厘米，为叶片长的3~7倍，叶片表面各色透明或不透明斑点，背面粉绿色为宜，叶片无缺损、折断，无病虫危害。

选盆 / 换盆

常用直径12~15厘米的盆，每盆视块茎大小可栽3~5个。每年在3~4月换1次盆。

配土

以肥沃疏松和排水良好的腐叶土为宜。盆土用泥炭土、腐叶土和沙的混合土。

浇水 / 光照

生长期盆栽土壤宜经常保持湿润，展叶期还需较高的空气湿度。红叶品种可多见阳光，适时剪除变黄下垂的老叶。

施肥

每半月施肥1次，可用"卉友"20-20-20通用肥或20-8-20四季用高硝酸钾肥。

修剪

平时的修剪主要是针对叶子和枝条的。需及时剪掉发黄的叶子或者干枯的枝条。另外，花后还需修剪1次，将开败的花蕾剪掉，避免继续消耗养分。

▲"胭红"品种　　　　　　▲"漆斑"品种　　　　　　▲"火龙"品种

繁殖

分株：结合换盆，把休眠的块茎取出，剥下周围的小块茎，稍晾干后即可上盆。为加大繁殖量，也可将大的块茎切成带有1~2个芽眼的小块。

病虫害

在储藏期间，如块茎发生干腐病，可用50%多菌灵500倍液浸泡或喷粉防治。生长期发生叶斑病，用50%甲基托布津可湿性粉剂700倍液喷雾防治。

Q 不败指南

花叶芋的叶子为什么不长大？

花叶芋一般对环境的适应能力极强，但在养殖的过程中，如果土壤不适时，就会影响叶子长大。这时需要及时清除旧土，并将烂根剪掉，用混合土重新上盆养护。

赠花礼仪

花叶芋姿态迷人，宜赠女友，以示"爱慕"之意。

海芋
（滴水观音）

Alocasia macrorrhiza(L.)Schott

生肖属马者的幸运花

别名：天荷、滴水芋。

科属：天南星科海芋属。

花期：夏季。

花语：欢喜、清净、自由爽朗、热情。

喜高温、湿润和半阴环境。不耐寒，怕干旱和强光暴晒。生长适温为28~30℃，冬季温度不低于15℃，如果气温下降至10℃以下，会发生冻害。

❀选购

肉质根茎应在春季天暖时购买，选择饱满、健壮、顶芽完整的根茎，切忌购买无顶芽、发黑和有腐烂迹象的根茎。购买盆栽植株时，要求株形优美，叶片盾状、宽大、柄长、聚生茎顶端，主脉明显，叶面深绿色。无断叶、破损和虫斑。

选盆 / 换盆

盆栽用直径30厘米的盆，每盆栽苗1~3株。定植后第2年3~4月换1次盆。

配土

盆土用肥沃园土或塘泥土。

浇水 / 光照

生长期保持土壤湿润，经常喷雾，保持空气湿度在70%~80%时有利于叶片生长发育，避免强光暴晒。

施肥

5~9月的生长旺盛期，每半月施肥1次，用腐熟的饼肥水，或用"卉友"20-20-20通用肥。氮肥不能过量，容易折断或倒伏。

✂ 修剪

生长期随时剪除枯黄叶和断叶。

🌱 繁殖

分株：生长季节海芋的基部常常分生出许多幼苗，待其稍长大有3片或4片真叶时，可挖出栽种成为新植株。扦插：生长多年的植株可于春季切割一段茎干作为插穗，约10厘米，直接栽种在盆土中或扦插在扦插床上，待其长至3片或4片真叶后移栽到大田里。

🧴 病虫害

在高温多湿条件下，容易发生灰霉病和茎腐病，发病初期用50%托布津可湿性粉剂1000倍液喷洒。由蚜虫接触传播花叶病，可用40%氧化乐果乳油1000倍液喷杀，防止蔓延。在通风差的环境下，常出现介壳虫危害，叶柄、叶背布满黑斑，可用40%氧化乐果乳油1000倍液喷杀。有时发生红蜘蛛危害，发生时喷洒5%霸螨灵2000倍液防治。

Q 不败指南

为什么海芋不长新叶？

严重烂根会导致海芋不长新叶，因为烂根使养分供给不足。虫害吃掉芯或烂芯也会导致不长新叶。因此，为防止烂根要保持通风，环境温度不要过低或过高。虽然海芋喜阴，但是成长期还是要适度光照，及时排积水。

海芋的果实

海芋的花

银皇后

Aglaonema cv.Silvcr Queen

别名：银后亮丝草。

科属：天南星科广东万年青属。

花期：秋季。

花语：仰慕。

喜温暖湿润和半阴环境，不耐寒，怕强光暴晒，不耐干旱。生长适温为20~27℃。

选购

宜选择叶片富有光泽，长势茂盛，无腐烂现象，没有病虫害的植株。

选盆 / 换盆

常用直径15厘米、深20厘米的泥盆。银皇后萌芽生命力强，生长快，易长满盆，每两年应换盆1次。

配土

盆栽用疏松的泥炭土、草炭土为好，亦可用腐叶土、沙质壤土混合。

浇水 / 光照

春秋季是银皇后的生长旺季，浇水要充足，盆土应保持湿润，但不要积水。夏季每天早晚向叶面喷雾，放半阴处，否则极易发生日灼。冬季在棚室内越冬，减少浇水，注意适度光照。

施肥

春末夏初可少施一些酸性氮肥；夏季增施氮肥；初秋、中秋可施些复合肥，秋末初冬停肥。肥料充足，茎干粗壮，分蘖多，叶片肥大。

▲黄马粗肋草　　　　　▲银河粗肋草　　　　　▲白马粗肋草

✂ 修剪

叶尖干枯萎缩，可先将植株从花盆中倒出，剪去已枯死的叶片或叶片坏死部分，再挑去一部分旧土，除去一些老化或坏死的根系。

🌱 繁殖

分株：常在春季将其基部萌发的蘖芽剥下另植。扦插：可剪取顶端茎干扦插，留下基部可重新萌发新芽。

🐛 病虫害

银皇后株丛密集，通风不良，易受介壳虫危害，应以预防为主。如发生介壳虫可用50%马拉松乳剂1000~1500倍液每7天喷1次，连喷2次或3次即可。

Q 不败指南

银皇后叶子黄了怎么办？

别给银皇后浇太多的水，否则会导致土壤板结，出现黏重的现象，这样就会影响植株根系吸收养分和水分。不要将其放在空气环境过于干燥的地方，并且注意遮阴。

养花有益

银皇后可以吸收空气中的尼古丁和甲醛，净化空气。

Pteris fauriei

凤尾蕨

别名：井栏草、小叶凤尾草。
科属：凤尾蕨科凤尾蕨属。
花期：全年。
花语：耐心。

喜温暖、湿润、阴暗的环境。忌涝，要求荫蔽、空气湿润、土壤透水性良好。较耐寒，生长适温为10~26℃，越冬温度可低至0~5℃。

选购

宜选择叶形线条优美、叶姿千姿百态、叶色青翠碧绿的植株。

选盆 / 换盆

根据植株大小选择泥盆的尺寸。待植株长至一定程度时便可换盆。

配土

一定要选择富有有机质且土质疏松的土壤，基质的搭配可用腐叶土、珍珠岩、泥炭土。

浇水 / 光照

保持盆土湿润，生长季节水分应供应充足，一般2~3天浇水1次即可。虽然要保持土壤湿润，但对凤尾蕨来说，浇水间隔期轻度干燥也是无妨的。适合散射光照，不能让阳光直射，否则易萎蔫卷曲。

施肥

想要凤尾蕨长得好，可于植株生长旺季，每隔半个月浇1次氮、磷、钾均衡的肥水，浓度一定要淡，薄肥勤施对植株的生长更有利。

⚘ 修剪

快速生长期间，应及时修剪换盆。最好在秋季修剪，去除死叶、黄叶，既能保证促进植株间通气顺畅，又保持植株整体美观。

⚘ 繁殖

分株繁殖是蕨类植物最常见的繁殖方式。脱土后，用利器把植株分为3丛或4丛，再分栽在小盆中，直至块茎部位生出初生叶，形成新植株。凤尾蕨不开花，所以没有种子，大量繁殖通常是以无性孢子进行繁殖。

⚘ 病虫害

如生长环境温度太低，通风、透光性差，空气湿度太高时，极易感染灰霉病、立枯病，并伴有红蜘蛛、介壳虫等害虫。对此，可用1000倍的70%甲基托布津可湿性粉剂、1000倍的杀线磷、4000倍农用链霉素喷洒凤尾蕨进行防治。

Q 不败指南

凤尾蕨叶子蔫儿了怎么办？

光线过强导致植株叶缘发焦、脱落，叶片卷缩，生长受阻，所以平时多给予散光照射就行，强光需遮挡。比如放在阳台地面处，或者房间靠窗户的地面，只要是家里能照射到的阳光都称散光。

"白玉"品种

"阿波银线蕨"品种

"银脉"品种

"维多利亚剑叶"品种

Pachira glabra Pasq.

发财树

别名：瓜栗、马拉巴栗。

科属：木棉科瓜栗属。

花期：秋季。

花语：开运招财、兴旺发达。

喜高温、多湿和阳光充足的环境。不耐寒，耐干旱，怕强光暴晒，怕积水。生长适温为20~30℃，空气湿度60%~70%。成年植株可耐短时间0℃低温。

❀选购

选购发财树时，要求植株造型好，枝叶繁茂，叶片翠绿、有光泽、无病斑。若购买水培或彩石栽培的发财树，要求株形艺术性强，枝叶健壮，无缺叶或黄叶，根系多、分布均匀、根色洁白。

▭选盆 / 换盆

常用直径15~25厘米的盆。每年春季换盆，大型盆栽每2~3年换盆1次。

❧配土

盆土可用园土、腐叶土和粗沙的混合土。

♦浇水 / 光照

春季生长期盆土要保持湿润，浇水充足。摆放在温暖、阳光充足的地方。夏季盆土干燥后浇透水，每天可向叶面喷雾，避免强光暴晒。秋季盆土保持稍干燥，忌过湿。冬季每10天浇水1次，当室温低于15℃时，控制浇水量。

▨施肥

春夏季每月施肥1次，用腐熟的饼肥水，或用"卉友"20-20-20通用肥。生长期可适当加施2次或3次磷钾肥，有利于茎干基部膨大。冬季停止施肥。刚买回的发财树，要待其长出新叶后才能施肥。

✂ 修剪

及时摘除黄叶。如果树冠过大,可适当修剪整形。换盆时,将2~3年未换盆的植株从盆内取出,去除1/3宿土,剪去伤根、老根和过长的根。

🦋 繁殖

扦插:以梅雨季节进行最好。剪取15~20厘米2年生成熟枝,顶端留1片复叶,插入沙床,保持室温在20~25℃和较高空气湿度下,插后7~10天生根,扦插苗基部不会膨大,成活率高。播种:采种后立即播种,最好用新鲜种子。采用室内盆播,种子大,点播,覆浅土,发芽适温为22~26℃,播后3~5天发芽。每颗种子出苗1~4株,出苗后3~4周可以盆栽,实生苗茎干基部会膨大。

病虫害

常见叶斑病危害,用50%多菌灵可湿性粉剂1000倍液喷洒。虫害有介壳虫、粉虱和卷叶螟,可用25%亚胺硫磷乳油1000倍液喷杀。

Q 不败指南

发财树的下部叶片生长缓慢怎么办?

盆栽发财树,要求盆土不宜过于湿润,如果水分过多或盆内有积水,就很可能造成茎叶生长缓慢,植株下部叶片变黄脱落。因此养护盆栽植株时,还需严格控制浇水量。

赠花礼仪

适宜祝贺好友乔迁之喜和开张大吉,寓意"财富滚滚来"。

发财树"编辫子"的步骤

1.将发财树幼苗提前在水中浸泡软化好。

2.选取15厘米左右的3~5株发财树幼苗用胶带固定根部。

3.将其编成辫子,编的时候注意不要损坏小苗的茎部。

4.为了形态不散,一般将其放在地面上用重物压牢。等到辫子的形状固定下来后,才可以将其重新栽种。

Radermachera sinica

幸福树

别名：菜豆树、豆角树。

科属：紫葳科菜豆树属。

花期：春夏季。

花语：幸福、勤劳刻苦。

喜高温、多湿和阳光充足的环境。不耐寒，稍耐阴，忌干燥。生长适温为20~30℃，夏季避开强光，遮光50%~60%。

❀选购

选购幸福树时，要求植株造型好，枝叶繁茂、紧凑、丰满，叶片墨绿有光泽，枝叶横向成层伸展。无病斑、无黄叶、无落叶、无缺损者为佳。

▱选盆 / 换盆

常用直径12~15厘米或直径18~25厘米的盆。每年春季换盆。

༄配土

盆土可用腐叶土、培养土和粗沙的混合土，并加入少量的腐熟饼肥屑。

◊浇水 / 光照

春季生长期充分浇水，盆土保持湿润，适度见光。夏季每两天喷水1次，每半月浸润盆土1次，避免强光暴晒。秋季盆土保持湿润，经常擦拭幸福树的叶片，可以保证叶片翠绿可人。进入冬季要注意防寒防冻，主要是保证室温的均衡，不要时高时低或者室温突然在5℃以下。每半月浇水1次，可向盆栽周围喷雾，保持空气湿度在60%左右。

▣施肥

生长期每月施肥1次，可用腐熟饼肥水，或用"卉友"20-20-20通用肥。夏季高温期和冬季停止施肥。

✄ 修剪

茎叶生长繁茂时要修剪或摘心，促使多分枝，保持株形丰满优美。

⚘ 繁殖

扦插：夏季剪取顶端半成熟枝条，长15~20厘米，剪除下端部分叶片，保留顶端2~4片叶，插入沙床或泥炭土中。在22~26℃和较高空气湿度条件下，35~40天生根。

水培：将幸福树脱盆后，洗净根系，剪掉断根，配上彩石进行水培。每周换水1次，每月加1次营养液，株苗就会慢慢长高。

⬚ 病虫害

有时发生叶斑病危害，发病初期用70%甲基托布津可湿性粉剂1000倍液喷洒。在高温高湿、通风不畅的条件下，特别是秋冬季长时间放于棚室，其茎干及叶片上易发生介壳虫和粉虱危害，可用40%氧化乐果乳油1000倍液喷杀。

Q 不败指南

为什么幸福树一直在落叶？

引起落叶的主要原因有空气干燥、阴冷，此外也不排除受烟雾的影响。所以养护幸福树需注意及时向叶片喷雾，给予盆栽植株充足光照。家中有吸烟的人或有烟时要及时通风，避免烟雾过浓，造成幸福树的叶片黄化、脱落。

赠花礼仪

适宜送亲朋好友点缀书房，营造出文雅又静谧的氛围。

幸福树的水培

1.在水培容器的筛网中铺上一层碎石子，将挑选好的植株放在筛网中。

2.在水培容器中放入一点沙子，再向容器内倒2/3的清水。

3.将筛网植株放入容器中，以水分刚好淹没根部为好。

第三章

一养就爆盆的草本花卉

Matthiola incana

紫罗兰

水瓶座守护花

别名：草桂花。

科属：十字花科紫罗兰属。

花期：春末至夏季。

花语：美好、诚实。

喜温暖、湿润和阳光充足的环境。生长适温为15~18℃，冬季能耐1~3℃低温。宜肥沃疏松和排水良好的微碱性沙质壤土。

❀选购

购买盆花，要选择植株矮壮、整齐，叶片灰绿色、无损伤的。还要花序紧密、挺拔，小花多，已有1/2花朵开放，花瓣完整，花色鲜艳，无病虫危害。购苗自行栽培，选购穴盘苗，购盆花以重瓣花为好。

选盆 / 换盆

直根性花卉，不耐移植。盆栽要早移苗、要带土，常用直径12~15厘米的盆。每年春季换盆1次。

配土

盆土用泥炭土、肥沃园土和沙的混合土。

浇水 / 光照

春季生长期每2~3天浇水1次，盆土保持湿润，需充足光照。夏季向叶面多喷雾，防止空气干燥，忌强光暴晒。秋季盆土保持湿润，见干即浇，防止干裂。冬季保持温度在10℃以上，摆放在温暖阳光处，盆土保持稍干燥，不能积水。

施肥

每周施肥1次，用"卉友"20-8-20四季用高硝酸钾肥，施肥量不要多。

修剪

不需修剪。

▲圣诞系列(粉红色)　　　　▲和谐系列(白色)　▲和谐系列(深玫红色)

🌱繁殖

播种：一般于9月中旬露地播种。采种宜选单瓣花的为母本，播前盆土宜较潮润，播后盖薄薄一层细土，不再浇水，在半月内若盆土干燥，可将盆置半截于水中，从盆底进水润土。播种后注意遮阴，15天左右即可出苗。

🧴病虫害

叶斑病需要清除病株残体，减少侵染源；选用抗病品种，适当增施磷、钾肥，喷洒1%的波尔多液或25%多菌灵可湿性粉剂300~600倍液，或50%甲基托布津1000倍液，或80%代森锰锌400~600倍液。虫害主要是蚜虫，通过清除附近杂草来消除；喷施40%乐果或氧化乐果1000~1500倍液。

Q不败指南

 为什么有时叶片长得很茂盛，就是不开花？

28℃以上的高温，持续6小时以上，紫罗兰难于形成花芽，也开不了花。二年生的紫罗兰必须经过低温(5~15℃)的春化处理18~20天，才能通过花芽分化。

赠花礼仪

紫罗兰是5月6日和7月16日诞生者的生日之花，可以赠送给在这天过生日的亲友。

Cosmos bipinnatus

波斯菊

（格桑花）

处女座守护花

别名：秋英、大春菊、五瓣梅。

科属：菊科秋英属。

花期：夏季。

花语：永远快乐、她的真心、少女的心。

喜温暖和阳光充足。不耐寒，怕半阴和高温，忌积水。生长适温为18~24℃，温度超过30℃时开花减少、花朵变小。

❀选购

购买盆栽波斯菊要选植株矮生，分枝多，叶片多、鲜绿色、无病斑或虫斑。花茎粗壮，花朵已展开但未伸平，花色鲜艳，有光泽，无缺瓣。

▽选盆／换盆

盆栽用直径10~12厘米的盆。苗株具4片或5片叶时定植并摘心。

⌇配土

盆土用泥炭土、培养土和沙的混合土。

◊浇水／光照

春季生长期土壤保持稍湿润，需充足光照。

◉施肥

地栽，施基肥，生长期不需再施肥，土壤过肥会枝叶徒长、开花减少。盆栽每月施肥1次，用"卉友"20-20-20通用肥。

✄修剪

波斯菊幼苗在长出10片叶子后可摘心，之后用0.05%~0.1%B-9液，向苗株喷洒1次或2次。花谢后及时摘除。

繁殖

播种：可在4~5月露地进行，覆土约2厘米，播后10余天可出苗，发芽适温为20℃，苗长到5厘米、有5片或6片真叶时，即可移植盆中或露地，地栽株距30~50厘米。

扦插：宜在初夏或8~9月进行，截取枝梢7~10厘米，插入准备好的苗床中，浇水遮阴，2周左右即可生根。

病虫害

其主要的病害有叶斑病、白粉病。可用50%托布可湿性粉剂500倍液喷洒。虫害有蚜虫、金龟子，可用10%除虫精乳油2500倍液喷杀。炎热时易发生红蜘蛛危害，宜及早防治。

Q 不败指南

波斯菊为什么一直在长个儿？

一直长个儿有可能是土壤施肥过度造成的。另外非常关键的一点就是要避免土壤过度潮湿，除了幼苗生长期需要定期补充水分，在植株生长健壮之后就要避免频繁浇水，水多会导致植株长得特别脆弱。

赠花礼仪

在探望病人时可赠送一束多种花色的波斯菊，以示"关怀与慰问"。

奏鸣曲系列（胭脂红色）

奏鸣曲系列（粉红色）

奏鸣曲系列（白色）

Digitalis purpurea

毛地黄

双鱼座守护花
生肖属牛者的幸运花

别名：洋地黄、自由钟、吊钟花等。

科属：玄参科毛地黄属。

花期：夏季。

花语：热爱、隐藏的恋情。

喜温暖、湿润和阳光充足。耐寒，怕多雨、积水和高温，耐半阴和干旱。生长适温为15~25℃，10℃以上叶丛开始转绿生长。

❀ 选购

选购毛地黄盆花时要求植株完整、不弯曲，叶片繁茂、深绿色，无黄叶或缺损。植株挺拔强壮，花序有1/3花朵已开放，排列整齐，花色鲜艳，不缺损，无病虫危害。

⊟ 选盆 / 换盆

盆栽用直径18~20厘米的盆。苗株具5片或6片叶时，选阴天移苗，少伤须根。

🐛 配土

盆土用肥沃园土、腐叶土和沙的混合土。

💧 浇水 / 光照

生长期保持土壤湿润，防止过湿或时干时湿。在开花时，可适当地增加光照。在有充分的湿度和适当低温时可以在稍强光照下生长。

📦 施肥

每半月施肥1次，用腐熟饼肥水，或用"卉友"15-15-30盆花专用肥。肥液不要沾污叶片。花前增施1次磷钾肥。

✂ 修剪

花后剪除花茎，防止养分消耗。

🌱繁殖

播种：以9月秋播为主，播后覆一层薄土，防止种子被风吹走。发芽适温为15~18℃，约10天发芽。基质的湿度要保持在接触时可感知潮湿但没有浸透的状态。

📦病虫害

毛地黄常发生枯萎病、花叶病和蚜虫危害。发生病害时，及时清除病株，用石灰进行消毒。发生虫害时，可用40%氧化乐果乳油2000倍液喷杀，同时也能减少花叶病发生。

Q 不败指南

为什么毛地黄播种后出芽率不高？

第一，种子没处理好。一定要筛选掉干瘪的毛地黄种子，将颗粒饱满的种子浸泡到20℃左右的水中一段时间，再捞出浸泡到高锰酸钾溶液中，然后将种子清洗干净，晾干后等待播种。第二，种子覆土过深。种子均匀播撒到土壤表面，再覆盖上一层薄土，1~2厘米即可。保持土壤湿润，等待发芽出苗。

斑点狗系列(浅紫色)

花狐狸系列(浅黄色)

Eustoma grandiflorum

洋桔梗

巨蟹座守护花

别名: 草原龙胆、土耳其桔梗、德州蓝铃。

科属: 龙胆科草原龙胆属。

花期: 夏季。

花语: 真诚不变的爱。

喜凉爽、湿润和阳光充足。不耐寒,忌积水和强光。生长适温为15~28℃,冬季温度不低于5℃,怕高温,超过30℃时花期明显缩短。

❀选购

购买盆花,要求植株矮壮,叶片完整,绿色带微蓝,叶脉清晰。开花植株要花茎挺拔,花朵已有1/2开放,花瓣光亮,花色鲜艳,斑纹清晰。不要购买植株过高,叶片、花茎黄化,花瓣萎蔫的盆花。

🪴选盆 / 换盆

栽种苗株生长慢,间苗时少伤根系,移苗不要过深,具4片或5片真叶时,栽于直径10~15厘米的盆中。

🐛配土

盆土用泥炭土、树皮营养土和腐叶土的混合土。

💧浇水 / 光照

对水分敏感,喜湿润,但过量的水分对根部生长不利,易导致烂根死亡。对光照反应敏感,光照充足、日照时间长,有助于茎叶生长和花芽形成。

🪣施肥

每半月施肥1次,用"卉友"15-15-30盆花专用肥或"卉友"12-0-44硝酸钾肥。

✂修剪

分枝性强的品种可摘心,促使分枝,多开花。花谢后摘除残花,花后将花株剪至1/3处,促使侧芽生长,秋季会再度开花。

▲海迪系列(白色紫边)　　▲回音系列(重瓣带花斑)　　▲阿林娜系列
　　　　　　　　　　　　　　　　　　　　　　　　　　(香槟色)

🌱繁殖

播种: 种子非常细小, 通常每克种子在1万粒左右, 多作包衣处理。处理后出苗率较高。在9~10月或1~2月室内盆播。发芽适温为22~25℃, 播后12~15天发芽, 发芽后半月间苗或分苗, 幼苗生长缓慢。

🧴病虫害

洋桔梗的茎枯病系真菌侵染, 主要危害植株茎部, 发病初期喷施1%的波尔多液, 严重时交替使用50%甲基托布津可湿性粉剂500倍液和50%百草清可湿性粉剂500~800倍液, 每3~5天喷洒1次。

Q不败指南

为什么洋桔梗有时花开得好, 有时开得不好?

洋桔梗对温度和光照反应比较敏感, 夜间温度低于12℃或冬季温度低于5℃时, 叶丛呈莲座状, 不能开花。高温和长日照可促进花芽提早开花。以上两个环节掌握不好, 开花就会出现时好时坏的现象。

赠花礼仪

洋桔梗宜送恋人和母亲, 表达真诚和珍惜。

Petunia hybrida
(J. D. Hooker) Vilmorin

矮牵牛

金牛座守护花

别名：碧冬茄。

科属：茄科碧冬茄属。

花期：夏秋季。

花语：有你在我就安心、与你同心、有
你就觉得温馨。

喜温暖、干燥和阳光充足的环境。不耐寒，
怕雨涝。生长适温为13~18℃。冬季温
度低于4℃植株生长停止，能耐−2℃低温。

✿ 选购

购买盆栽或吊篮式矮牵牛，株形要丰满，
不"空心"，叶片深绿，无黄叶。有开花
和花苞的植株，花色要鲜艳、有光泽，花
瓣不破损。植株无病、无虫，特别要留意
植株上有无蚜虫危害。也可选购健壮的
穴盘苗或扦插苗自养。

🪴 选盆 / 换盆

有10~15片叶的用直径20厘米的盆，有
20~25片叶的用直径30~40厘米的盆。
每2年换盆1次，春季或花后进行。

🐛 配土

盆土用肥沃园土、泥炭土和沙的混合土。

💧 浇水 / 光照

生长期需充足水分，夏季高温，宜保持盆
土湿润。但盆土过湿时，茎叶易徒长，花
期雨水多，花瓣易撕裂。在长日照条件
下茎部顶端很快着花。

🌿 施肥

生长期每半月施肥1次，用"卉友"20-
20-20通用肥，花期增施2次或3次过磷
酸钙肥。

✂ 修剪

夏季高温期植株易倒伏，注意整枝修剪，摘除残花，可延长观赏期。

🌱 繁殖

播种：直接在大型穴盘中播种，或者先在512孔或406孔穴盘中播种，再移栽到大型穴盘中。

🧴 病虫害

白霉病发病后及时摘除病叶，发病初期喷洒75%百菌清600~800倍液。发生叶斑病时及时摘除病叶并烧毁，注意清除落叶；喷洒50%代森铵1000倍液。虫害主要是蚜虫，发现大量蚜虫时应及时隔离，用10%氧化乐果乳剂1000倍液或马拉硫磺乳剂1000~1500倍液喷洒。

Q 不败指南

为什么采收的矮牵牛种子总是种不出来？

矮牵牛种子很小，种植时基本都不覆土的，在20℃左右发芽较好，而且对湿度要求很高。如果土壤太干或土质不好，矮牵牛不容易出苗，所以矮牵牛需要透气性好的土壤，种子播种后要勤喷水。

赠花礼仪

矮牵牛是7月20日出生者的幸运之花，可以赠送给在这天过生日的亲友。

虹彩系列（白色）

虹彩系列（红色）

交响乐系列（酒红色白边）

盲珠系列（粉红色）

Portulaca grandiflora

太阳花
（半支莲）

别名：松叶牡丹、龙须牡丹。

科属：马齿苋科马齿苋属。

花期：夏季。

花语：光明、热烈。

喜温暖、干燥和阳光充足的环境,不耐低温、多湿和多阴天气。生长适温为13~18℃,也耐30℃以上高温,冬季不低于8℃。

❀选购

购买盆花,要求植株矮壮,节间短,分枝多,茎叶粗壮茂盛。也可购买花苗回来自行盆栽。植株已开花,花色鲜艳,无病、无虫、无缺损,花重瓣者更佳。

▭选盆 / 换盆

常用直径为20厘米的盆,每盆栽5~6株苗;若用直径为25厘米的盆,则以栽7~8株苗为宜。

🐛配土

以肥沃、疏松和排水良好的沙质壤土为宜。盆栽用肥沃园土、培养土和沙等量的混合土。

💧浇水 / 光照

育苗阶段,不用浇太多水。开花期处于高温天气,需要浇透,让植株充分吸收水分。保持充足光照。

▣施肥

生长期每半月施肥1次,用0.1%的磷酸二氯钾,也可用腐熟饼肥水或"卉友"20-20-20通用肥。

✄修剪

幼苗从根部长出新的分枝时,摘去主枝的头梢,不久在断口处又会生出枝芽。等到根部的分枝变长,也能对分枝进行摘头。

▲太阳神系列(粉红色)　　　▲太阳神系列(橘红色)　　　▲太阳神系列(金色)

🌱繁殖

播种：除了冬季均可播种，在四月份盆播，基质要求不高，可以直接用蛭石进行播种。

🦟病虫害

太阳花主要虫害有蚜虫、杏仁蜂、介壳虫等。防治蚜虫和介壳虫，在发芽前用吡虫啉4000~5000倍液，发芽后使用吡虫啉4000~5000倍液并加兑氯氰菊酯2000~3000倍液即可杀灭。太阳花球坚介壳虫：分别于发芽前和5月下旬喷洒布机油乳剂50~80倍液并加兑乐斯本1500倍液。

Q 不败指南

Q 如何让太阳花生长得茂盛？

如果发现太阳花的茎叶发黄枯萎的时候，及时修剪掉土壤以上徒长枝、细弱枝、病枝，可以让新芽继续萌发。同时保证充足的光照，及时少量浇水，让盆土略微湿润。肥料也要给足，这样可以促进生长。

养花有益

太阳花有利尿消肿的功效，可以取适量太阳花用开水冲泡，连喝5-7天就能起到作用。

Zinnia elegans Jacq.

百日草

双鱼座守护花
生肖属牛者的幸运花

别名：百日菊、千日草、长久草。

科属：菊科百日菊属。

花期：夏季。

花语：步步高升、奋发向上。

喜温暖、干燥和阳光充足的环境，不耐低温。生长适温为18~25℃，也耐30℃以上高温，冬季温度不低于13℃。

❀选购

购买盆花要求植株矮壮、紧凑，叶片完整、绿色、无病。花朵完全开放无褐化者为优。大多数百日草为杂种一代苗，极易退化，家庭栽培一般不留种。购花要早，春末上市即买，这样赏花期长。

🪴选盆 / 换盆

栽种苗株4~6片真叶时栽入直径10~12厘米的盆，移栽时勿伤侧根。

🌱配土

盆土用肥沃园土、腐叶土和沙的混合土。

💧浇水 / 光照

盆栽土壤保持稍湿润，地栽应避免积水或土壤过湿。保持充足光照。

🧴施肥

每半月施肥1次，用腐熟饼肥水或用"卉友"20-20-20通用肥。

✂修剪

苗高10厘米时摘心，促使分枝；摘心后2周，用0.5%B-9液喷洒，可提前开花，花朵紧密。花后及时剪除残花，促使叶枝间萌发新枝，可再度开花。

🌱 繁殖

播种：在4月上旬至6月下旬进行，播前基质湿润后点播，播种后覆盖一层蛭石。在21~23℃时，3~5天即可发芽，发芽期不需要光照，发芽后苗床保持50%~60%的含水量。扦插：可选择长10厘米侧芽进行扦插，一般5~7天生根，以后栽培管理与播种一样，30~45天后即可出圃。

🧴 病虫害

百日草主要病害有白星病、黑斑病等。防治白星病可用65%代森锌可湿性粉剂500倍液，或75%百菌清可湿性粉剂500~800倍液，或50%代森铵800~1000倍液喷洒。防治黑斑病可用50%代森锌或代森锰锌5000倍液喷雾。喷药时，要特别注意叶背表面也要喷匀。

Q 不败指南

为什么百日草的植株生长细长？

百日草属于耐干旱性草本，在水分偏多情况下，植株生长细长，节间伸长，花朵变小；在短日照条件下(光照9小时/天)，舌状花变小而管状花增多；多数百日草为杂种一代苗，自行留种育苗极易退化，也会导致花朵变小。

赠花礼仪

宜赠送即将分别的友人，以表达"依依难舍"之情。宜送商店开业或工程竣工的好友，祝事业"兴旺发达"。

班纳利天才系列(淡紫色)

梦境系列(黄色)

矮材系列(绯红色)

Centaurea cyanus L.

矢车菊

白羊座守护花

别名：蓝芙蓉、翠兰、荔枝菊。

科属：菊科矢车菊属。

花期：夏季。

花语：幸福。

喜冷凉、较干燥和阳光充足的环境。生长适温为15~18℃，夏季不耐30℃以上高温，冬季温度不低于7℃。

❀选购

选购花材，以1/4至1/2花朵开放时为宜，对多枝型矢车菊，以顶部花朵几乎开放时为好。一般瓶插寿命为6~10天。选购盆花要选生命力旺盛的。

选盆 / 换盆

常用直径为12~14厘米的盆。矢车菊为直根性花卉，不要移栽。

配土

用肥沃园土、泥炭土和沙的等量混合土。

浇水 / 光照

生长期盆土保持稍湿润，浇水过多易发生腐烂病，过于干燥易引起叶片干枯。保证充足光照。

施肥

生长期每半月施肥1次，用"卉友"20-20-20通用肥。

修剪

高秆品种苗期需摘心，能促使多分枝、多开花。采种待花序干燥后，边熟边采。

繁殖

播种：由于矢车菊的根为直根性，侧根比较少，所以移栽小苗要带土，一般在春季直播。矢车菊也可以自播繁衍，此外矢车菊喜密植，否则会导致生长不良。

病虫害

常发生菌核病和霜霉病，可用70%的托布津可湿性粉剂1000倍液喷洒植株中下部消灭菌核病。霜霉病发病时，使用65%代森锌可湿性粉剂500~800倍液，或25%瑞毒霉800~1000倍液，或40%乙磷铝200~300倍液等喷洒防治。

不败指南

Q 为什么矢车菊突然枯萎了？

矢车菊怕水湿，雨水多或者盆内排水不畅，易导致萎蔫，根部腐烂。光照不足，花朵也会不生长，花色也会不够鲜艳。因此，以选用排水良好的沙质壤土为宜，换排水顺畅的花盆，给予充足光照。

赠花礼仪

矢车菊是3月5日和8月2日诞生者的生日之花，可以赠送给在这天过生日的亲友。

"紫花"品种

"白花"品种

Impatiens hawkeri

新几内亚凤仙花

别名：五彩凤仙、洋凤仙。

科属：凤仙花科凤仙花属。

花期：夏秋季。

花语：好恶分别。

喜温暖、湿润和阳光充足的环境。不耐寒，怕酷暑和烈日暴晒。生长适温为22~24℃，夏季不耐30℃以上高温，冬季温度不低于12℃。

❀选购

盆花要求株形美观、丰满，叶片密集紧凑、翠绿，花蕾多并有部分开花者为好。吊盆以茎叶封盆，四周茎叶稍有下垂、匀称，花蕾多，有一半开花者为宜。

⬚选盆 / 换盆

常用直径12~15厘米盆。幼苗生长快，出苗后及时间苗，苗高5~6厘米时可换盆。

配土

盆土用腐叶土或泥炭土、肥沃园土和河沙的混合土。

♦浇水 / 光照

生长期需充分浇水，保持盆土湿润，苗期切忌脱水或干旱。浇水不要直接淋在花瓣上，以免损伤花瓣。保证充足光照。

▦施肥

每半月施肥1次，用腐熟饼肥水或"卉友"15-15-30盆花专用肥，花期增施2次或3次磷钾肥。

✂修剪

苗高10厘米时，摘心1次，促使分枝。花后及时摘除残花。

▲"甜樱桃"品种　　　　▲"橙花桐叶"品种　　　　▲"蜜月"品种

🌱繁殖

播种：种子细小，常采用室内盆播，发芽适温为14~25℃，播后10~20天发芽。从播种至开花需13~14周。扦插：全年均可进行，剪取生长充实的长10~12厘米的健壮顶端枝条，插后20天可生根，30天即可盆栽。

🧴病虫害

常有叶斑病、茎腐病危害，可用50%多菌灵可湿性粉剂1000倍液喷洒。虫害有蚜虫，危害时用10%除虫精乳油3000倍液喷杀。

Q 不败指南

为什么新几内亚凤仙花花叶会缺损？

在高温天气，要适当地给花遮阴，避免光照过强灼伤花叶。在凤仙花生长期间，要根据不同的生长阶段改变浇水量，在温度高的时候可以每天浇2次水，若是雨水多的话，就要及时做好排水措施，以免积水导致根部腐烂。

赠花礼仪

新几内亚凤仙花是10月19日诞生者的生日之花，可以赠送给在这天过生日的亲友。

Callistephus chinensis

翠菊

白羊座守护花

别名：七月菊、兰菊、江西腊。

科属：菊科翠菊属。

花期：夏秋季。

花语：标新立异。

喜温暖、湿润和阳光充足。怕高温多湿和通风不良。生长适温为15~25℃。冬季温度不低于3℃，0℃以下茎叶易受冻。夏季超过30℃时，开花延迟或开花不良。

❀选购

盆花要求植株矮壮，株高不超过25厘米，叶片深绿，无缺损和黄叶。植株具有2/3开花和1/3花蕾者为好。花梗粗壮，花朵硕大、挺拔，花色艳丽，无缺瓣、焦瓣、病瓣和蚜虫。花朵下垂或花瓣枯萎发黑的不要购买。

⬚选盆 / 换盆

盆栽用直径12~15厘米的盆。

⚘配土

盆土用泥炭土、肥沃园土和沙的混合土。

⬗浇水 / 光照

盆栽植株浇水需适度，不能过分干燥和过分湿润，当土表干燥时，及时充分浇水。对日照反应较敏感，每天15小时以上日照条件下，植株矮生，提早开花。

▦施肥

生长期每旬施肥1次，用"卉友"20-20-20通用肥。花期增施磷钾肥1次。

✄修剪

苗株高8~10厘米时摘心1次，促使分枝。花谢后及时摘除，以免受湿腐烂。

▲阳台小姐系列（白色）　　▲阳台小姐系列（紫色）　　▲阳台小姐系列（粉色）

繁殖

播种：春季室内播种，发芽适温为20~25℃，播后15~20天发芽。

病虫害

主要病害有锈病、黑斑病和翠菊枯萎病。锈病可用65%代森锌可湿性粉剂500倍液喷洒，黑斑病用等量式波尔多液。翠菊枯萎病在发病初期，用50%多菌灵500倍液或50%苯来特可湿性粉剂1000倍液灌根。

Q 不败指南

为什么养殖的翠菊总是蔫的？

虽然翠菊土壤适应能力强，但是翠菊对肥料的要求很高，如果土壤不能保持充足的肥力，那么生长出来就很可能是蔫的。所以，最好是每周都给翠菊施1次薄肥，这样才可以花团似锦。

赠花礼仪

翠菊是4月22日诞生者的生日之花，可以赠送给在这天过生日的亲友。

Clivia miniata

大花君子兰

别名：君子兰、大叶石蒜、剑叶石蒜、
　　　达木兰。

科属：石蒜科君子兰属。

花期：春夏季。

花语：高雅至尚、长命花。

冬季喜温暖，夏季喜凉爽的环境。耐旱、耐湿，但怕积水和强光。生长适温为20~25℃，冬季温度不低于5℃。

✿ 选购

盆花要求花大色艳，花剑粗壮、刚直有力。株形端庄规整，叶子排列整齐有序，形如开扇，挺拔有力，叶脉清晰，叶质厚重，叶色亮绿润泽，无病斑。

选盆 / 换盆

盆栽用直径12~15厘米的盆。

配土

宜用腐叶土、炉灰渣和河沙的混合土。

浇水 / 光照

生长期每周浇水2次；夏秋季干旱时向叶面和地面适当喷水。

施肥

生长期每月施肥1次，用腐熟的饼肥水。抽出花茎前加施磷钾肥1次或2次。

修剪

花后不留种，应剪除花茎。随时剪除黄叶和病叶。

🌱繁殖

播种:春播,发芽适温为20~25℃,播后10~15天长出胚根,30~40天长出胚芽,50天长出第1片叶子。分株:春季换盆时,当子株长至6片或7片叶,可从母株旁瓣下直接盆栽。如子株根系少,先用细沙栽植,待长出新根后再盆栽。

📦病虫害

6~7月常发生白绢病,用50%托布津可湿性粉剂500倍液喷洒。虫害主要有介壳虫,用40%氧化乐果乳油1000倍液喷杀。

Q 不败指南

大花君子兰夹箭了怎么办?

大花君子兰夹箭后可以将其移到完全黑暗处,保证温度在18~20℃,然后用塑料袋或软一点的绳子,将叶子分开,经过这样处理,3~5天花箭就可以抽出了。

赠花礼仪

宜馈赠新人、嘉宾或亲朋好友,以表示吉祥、富贵的美好意愿。

短叶麻脸君子兰

淡黄花君子兰

黄花君子兰

长花丝君子兰

Cymbidium goeringii

春兰
（兰草）

生肖属蛇者的幸运花

别名：草兰、幽兰、朵兰、山兰、朵朵香。

科属：兰科兰属。

花期：春季。

花语：淡泊高雅、青春活力。

喜温暖、湿润和半阴环境，生长适温为15~25℃。

❀选购

盆花要求叶片鲜绿有光泽，没有严重枯黄和黑斑现象的。根系呈现灰白色，比较完整，没有严重干瘪、萎缩、腐烂和折断的现象，也没有受冻后呈现半透明的水渍状斑点。

▽选盆 / 换盆

常用直径为15~18厘米、高为20~22厘米的高筒盆，每盆栽植3~5苗为宜。

🌿配土

盆土用肥沃园土、腐叶土和沙的混合土。

💧浇水 / 光照

春、夏、秋三季早晚可适当接受阳光，中午遮阴，冬季需充足阳光。夏、秋季多喷雾，空气湿度保持80%为好。浇水不要过勤，盆土不要过湿。

施肥

每隔2~3周施肥1次。

✂修剪

发现老叶、枯叶及时修剪，也要注意花芽的修剪。当发现兰花长出的花芽过多，就要把花芽剪去了，建议留下2朵左右的花芽即可。

🌱繁殖

分株：分株繁殖常结合换盆进行，每2~3年1次，以3月和9月为宜，家庭繁殖多采用此法。将兰株从盆中倒出，先把根用水冲洗干净，晾干，待兰根稍软时即可分株。每子株保留2苗或3苗，切口涂以草木灰或硫黄粉，以防腐烂。

🌿病虫害

霉菌病的防治方法是除去带菌土壤，用五氯硝基苯粉剂500倍液喷治。炭疽病用5%代森锌粉剂600倍液或50%多菌灵800倍液防治。每半月1次，连续3次。介壳虫可用20%氧化乐果乳油500~800倍液防治。

Q 不败指南

春兰的叶片有斑点怎么办？

通常春兰的叶片出现斑点是阳光暴晒所致。对此，应将盆栽春兰移至半阴处栽培，避免烈日的照射，尤其是夏季直射的阳光。如由茎腐病等病害引起叶片长斑，则要及时翻盆，剪除烂根，并用杀菌农药消毒后用新植株重新栽植。

赠花礼仪

春兰是11月6日诞生者的生日之花，可以赠送给在这天过生日的亲友。

"黄金荷"品种

"天彭牡丹"品种

"宋梅"品种

Cymbidium hybrid

大花蕙兰

摩羯座守护花
生肖属狗者的幸运花

别名：新美娘兰、蝉兰。

科属：兰科兰属。

花期：冬春季。

花语：高贵雍容、丰盛祥和。

喜温暖、湿润和半阴的环境。不耐寒，忌高温，怕积水和强光。生长适温为16~21℃，冬季温度不低于10℃。

❀选购

宜买开花多的兰株。不要买花蕾多的兰株，此类兰株不少是经催芽或催花处理过的，容易发生落蕾现象。

选盆／换盆

常用直径15厘米、高20厘米的高筒陶盆。每年4月花后换盆1次。

配土

盆土可用水苔、蕨根或树皮块、木炭、沸石的混合土。

浇水／光照

春季每周浇水2次，空气干燥时，每天向地面和叶面喷水1次或2次。夏季晴天每天早、晚各浇水1次，浇水浇透；室外养护时遮光50%。秋季搬至阳光充足、通风处，每周浇水2次。冬季盆土保持稍湿润，每4~5天浇水1次；室温不要过高，夜间温度10℃以上。

施肥

新芽生长期每周施1次薄肥，花芽分化期每月施肥1次，假鳞茎膨大和开花期每周向叶面喷施液肥1次。冬季停止施肥。

▲"女皇"品种　　　　　▲"碧玉"品种　　　　　▲"鼠眼"品种

✂ 修剪

花后及时剪除花茎减少养分消耗。换盆或分株时，剪除黄叶和腐烂老根。

✿ 繁殖

分株：兰株开花后，新根和新芽尚未长大前，是分株繁殖的最佳时期，此时要将花茎剪下。如果分株时根部受到损伤，应及时剪平，新根将会很快长出。

🐛 病虫害

主要病害有炭疽病、黑斑病和锈病，发病初期用70%甲基托布津可湿性粉剂800倍液喷洒，并注意室内通风。虫害有介壳虫、粉虱和蚜虫，发生时可用40%氧化乐果乳油1500倍液喷洒。

Q 不败指南

大花蕙兰烂根了怎么办？

先要进行脱盆，放阴凉干燥通风处一两天，之后把烂掉的根和枯叶都剪掉。用配制好的1‰高锰酸钾液浸泡兰株2小时，消毒完之后用清水冲洗干净，在阳光下晒2小时。

赠花礼仪

大花蕙兰宜在中秋节、宴客或节日时赠送，以示"丰盛""吉祥"。婚礼时也可作为新娘捧花。

Dahlia pinnata

大丽花

处女座守护花

别名：大丽菊、大理花、地瓜花。
科属：菊科大丽花属。
花期：夏秋季。
花语：华丽、优雅、威严、新颖。

喜温暖、湿润和阳光充足的环境。不耐
干旱，怕积水。生长适温为10~25℃，温
差在10℃以上的地区，有利于生长和开
花。温度超过30℃，生长差，开花少。

❀选购

盆花要求植株矮壮，花茎挺拔，花朵大，
花色鲜艳且双色者更好，叶片翠绿。休
眠块根要求粗壮、充实、新鲜，外皮清洁，
直径不小于3厘米,否则开花小或不开花。

选盆 / 换盆

独本大丽花用25~30厘米盆，矮生大丽
花用12~15厘米盆。

配土

盆土用腐叶土、炉灰、沙和腐熟饼肥等配
制的混合土。

浇水 / 光照

浇水量适当减少，利于控制植株生长。
生长期盆土保持湿润，花期浇水掌握
"干透浇透"的原则，每1~2天向叶面喷
水1次。浇水时不要把水直接淋在花朵
上，否则夏季高温时，花瓣容易腐烂。
可以向叶片喷水，每天2次。地栽雨后
注意排水。

施肥

栽植前均需施足基肥。生长期每旬施肥
1次，用腐熟饼肥水，或用"卉友"15-
15-30盆花专用肥。

✂ 修剪

栽种的独本大丽花,保留主枝的顶芽继续生长,及时去除侧芽;多本大丽花需摘心,促使多分枝、多开花。对过密的叶片应适当疏除。花谢后及时整枝,摘除残花,促使新花枝形成,可再度开花。如果花茎折断,需从底部剪除,即会重新长出新枝。

🌱 繁殖

矮生大丽花用播种繁殖,独本大丽花用分株和扦插繁殖。早春播种,发芽适温16℃,播后2周发芽,播种苗在发芽后3周移栽,4周后定植或盆栽。春季分株,将块根分割栽种,常采用催芽的块根,待有2片叶展开时上盆。冬末或早春取块茎萌发枝扦插,剪取3~5厘米长的芽头插于沙床,2~3周生根后盆栽,扦插苗当年可开花。

🧴 病虫害

防治褐斑病可喷洒65%可湿性代森锌500倍液;白粉病要用40%灭菌丹500倍液喷洒;灰霉病可喷施75%百菌清可湿性粉剂500倍液。大丽花螟蛾幼虫孵化期,可喷洒50%杀螟松乳剂1000~1500倍液防治。对已蛀入深处的大龄幼虫,可用注射针向蛀孔注入杀螟松200~500倍液。

Q 不败指南

大丽花叶子卷边是怎么回事?

大丽花的叶片干枯,很可能是浇水过量,必须控制浇水量,或者将雨后的积水排掉。也可能是施肥浓度高或者量多导致,此时要暂停施肥。还有可能是病害导致,这时用百菌清防治效果最好,十天喷洒1次,1次或2次可治好。

赠花礼仪

大丽花是9月15日诞生者的生日之花,可以赠送给在这天过生日的亲友。

"白菊"品种

"红鹦鹉"品种

哈罗系列(黄色渐变)

费加罗系列
(红色渐变)

Chrysanthemum morifolium

菊花

天蝎座守护花

别名：寿客、更生、金蕊、金英、黄华。

科属：菊科菊属。

花期：秋季。

花语：清廉、高洁、长久。

喜湿润和阳光充足的环境。耐寒，不耐高温和干旱，怕积水和多雨。生长适温为18~22℃，地下根茎能耐 −10℃低温。

❀选购

盆菊要求株形美观、丰满，株高不超过30厘米。叶片卵形，密集、紧凑，深绿色。花蕾大并有部分花朵已开放，花色丰富，有绿色或深红色者更佳。

🪴选盆 / 换盆

宜用直径12~16厘米的盆。给菊花换盆可选在春秋两季进行，若是秋季换盆，则要选择花期之前。换盆时要对根部进行处理，将过长的根须、老根等修剪下，消毒以后再重新种植。更换一个大小更合适的花盆，重新配土，然后放置于阴凉通风处，待恢复长势后再进行日常管理。

🐛配土

腐叶土或泥炭土、培养土和沙的混合土。

💧浇水 / 光照

生长期盆土保持湿润。夏季早晚各浇水1次，并向枝叶及地面喷水。

🗒施肥

生长期每半月施肥1次，用腐熟饼肥水；开花前每周在傍晚施1次磷钾肥。

✂修剪

盆菊用摘心和矮壮素控制菊株高度。

繁殖

扦插：在4~5月取老株基部萌发的顶芽，进行嫩枝扦插，插后15~20天生根。播种：春季室内播种，发芽适温为20~25℃，播后15~20天发芽。嫁接：常用于艺菊和立菊栽培，砧木用黄花蒿或青蒿，春季嫁接，成活率高。

病虫害

主要病害有锈病、黑斑病和灰霉病。锈病和灰霉病可用65%代森锌可湿性粉剂500倍液喷洒，黑斑病用等量式波尔多液喷洒。虫害有蚜虫，可用40%氧化乐果乳油1500倍液喷杀。

Q 不败指南

菊花开败后应该怎么处理？

菊花开败了之后，先要将残花剪除，修剪一下残枝，减少养分消耗。之后要增加浇水，并且适当追肥。由于花期在秋季，花后气温会比较低，需要把它放到室内温暖处并保证充足光照。

赠花礼仪

探望病人时不要送黄色或白色菊花。这两种颜色的菊花一般在葬礼时使用，切记勿随意赠送。

"银盘托桂"品种

"一品红"品种

"盘龙彩爪"品种

Dianthus caryophyllus.

康乃馨
（香石竹）

生肖属蛇者的幸运花

别名：麝香石竹。

科属：石竹科石竹属。

花期：夏季。

花语：热心、妈妈我深深地爱着您。

喜温暖、凉爽和阳光充足的环境。不耐寒、怕高温和多雨水。生长适温为14~21℃。

❀选购

购买盆花，要求植株矮生、茎干粗壮，分枝多，紧密，节间短，看上去特别丰满。叶片繁盛，无缺叶、断叶或虫咬病叶。花大，密集，色彩鲜艳，斑纹清晰，花瓣完整。

▽选盆／换盆

常用直径为12~15厘米的盆。修剪根系后，把植株扶正栽种到花盆中央，其余的土覆盖压紧。换盆选在春秋季比较好，注意不要在花期换盆。

᠕配土

盆土可用水苔、蕨根或树皮块、木炭、沸石的混合土。

♦浇水／光照

生长期盆土保持湿润，雨季要注意松土排水。生长开花旺季要及时浇水。平时可以少浇水，维持土壤湿润即可。空气湿润度以保持在75%左右为宜。盆栽康乃馨每天应保证光照6~8小时。

▣施肥

每半月施肥1次。

⋀修剪

宜用摘心、喷矮壮素等方法控制康乃馨高度，用抹花芽和叶芽的办法提高花卉质量。

▲颂歌系列（浅黄色）　　▲颂歌系列（粉底玫红色）　　▲小儿郎系列（玫红色）

🌱 繁殖

扦插：春、秋季均可进行，但2月上旬到3月上旬在中温温室内扦插效果好，成活率高。插穗应选植株中部生长健壮的侧芽为好，在顶蕾直径1厘米时采取。扦插间距1.5~2厘米，插后立即喷水，覆盖遮阴，室温保持10~13℃，20天后便可生根。

🗃 病虫害

康乃馨常见的病害有锈病、灰霉病、芽腐病、根腐病。锈病初期可用20%萎锈灵乳油400倍液喷施。防治其他病害用代森锌、多菌灵或克菌丹在栽插前进行土壤处理。发生红蜘蛛、蚜虫时，一般用40%乐果乳剂1000倍液杀除。

Q 不败指南
康乃馨为什么养不活？

康乃馨养不活，可能是因为土壤不透气。可以适当松动土质，使土壤变得透气疏松，栽种时尽量选择通气和排水性能良好的土壤。也可能是因为光照不足，改变摆放位置，挑选光线好的地方养。

赠花礼仪

如果用金色的康乃馨编制成花环在母亲节和母亲生日时赠送，会让母亲惊喜不已。

非洲菊

Gerbera jamesonii

天秤座、狮子座和射手座守护花
生肖属猪者的幸运花

别名：扶郎花、大丁草。

科属：菊科大丁草属。

花期：春夏季。

花语：贤内助、相夫教子、永远相爱。

喜温暖、湿润和阳光充足的环境。不耐寒，喜大肥大水，不耐高湿、干旱和积水。生长适温为28℃，冬季温度低于7℃则停止生长。

❀选购

盆花要求植株健壮，叶丛丰满，排列有序，叶色深绿。无缺损、无病虫。切花以外围花朵散落出花粉时为宜。

▽选盆 / 换盆

常用直径15厘米盆。可2年换1次盆。

⚘配土

以肥沃、疏松和排水良好的微酸性土壤为宜。盆栽用腐叶土或泥炭土、肥沃园土和沙的混合土。

◊浇水 / 光照

生长期保持盆土湿润，花期每周浇水2次或3次。浇水时不能向叶丛中心淋水。非洲菊比较喜光，但夏天注意遮阴，冬天放在光线良好的地方即可。

▨施肥

生长期每半月施肥1次，用腐熟饼肥水，花芽形成至开花前增施1次或2次磷钾肥，或用"卉友"20-8-20四季用高硝酸钾肥。

⋏修剪

苗株上盆后半个月，喷洒1次0.25%的B-9液，控制植株高度。摘除部分老化叶片，花后将花茎剪除。

🌱繁殖

播种：春播、秋播均可。发芽适温为18~20℃，播后7~10天发芽。分株：3~5月进行，托出母株，把地下茎分切成若干子株，每个子株需带新根和新芽，栽植不宜过深，根芽必须露出上面。扦插：选健壮植株挖出，截取根部粗壮部分，去除叶片，切去生长点，保留根茎部，插入沙床，3~4周可生根。

📵病虫害

常有枯萎病、叶斑病和白粉病危害，用65%代森锌可湿性粉剂600倍液喷洒。虫害有红蜘蛛和蚜虫，可用40%氧化乐果乳油2 000倍液喷杀。

Q 不败指南

非洲菊切花后为什么发臭？

非洲菊切花易感染灰霉病，花茎易弯曲，采切的花茎基部浸入含杀菌剂的水溶液中30分钟或天天换水，以防治花茎腐烂发臭和花朵低头。花茎基部用塑胶托杯保护花朵，也可防止花茎弯曲。

赠花礼仪

宜在开业、竣工时送上非洲菊的花篮或花束贺喜，意为"祝愿事业欣欣向荣"。

"阳光海岸"品种

革命系列(粉橙色)

永恒系列(红色)

Hemerocallis fulva

萱草

别名：金针菜、鹿葱、川草花、忘郁、丹棘。

科属：百合科萱草属。

花期：夏季。

花语：忘忧、欢乐、因爱忘己。

喜温暖、湿润和阳光充足的环境。耐寒、耐干旱和半阴。生长适温为15~25℃，冬季耐−20℃低温，在35℃以上高温条件下也能开花。

❀ 选购

盆花要求株形健壮，叶基生，宽线形，丰满，嫩绿色。花茎已从叶丛中抽出，并已开花1朵或2朵，色彩鲜艳，重瓣者更佳。购买种子要求饱满、充实、新鲜。

▭ 选盆 / 换盆

常用直径20厘米盆。

🐛 配土

盆土用肥沃园土、腐叶土和沙的混合土。

◊ 浇水 / 光照

长期保持盆土稍湿润，不要让根部积水。花期保持土壤湿润，切忌向花朵上淋水。

🜄 施肥

生长期每月施肥1次，用腐熟饼肥水。花期增施2次磷钾肥。

✄ 修剪

不留种花谢后剪除花茎，地上部枯萎后剪去枯叶。

⚘ 繁殖

播种：以秋播为好，8月中旬种子成熟，采下即播，采用室内盆播或露地条播，覆浅土，发芽适温为18~22℃，25~30天发芽，实生苗培育第二年开花。分株：在叶枯萎后进行，将母株挖出，剪去枯根和过多须根，进行分丛栽植，一般每隔3~4年分株1次。

▲"黑色丝绒"品种　　　　▲"大花萱草玫瑰"品种　　　　▲"红鹦鹉"品种

病虫害

常有锈病危害，发病初期用50%萎锈灵可湿性粉剂2000倍液喷洒。虫害有岩螨，危害时用40%三氯杀螨醇乳油1000倍液喷杀。蚜虫危害花枝，可用90%敌百虫乳油1500倍液喷杀。

不败指南

Q 萱草怎么栽植有利于开花？

萱草为耐肥植物，因此栽植前要施足基肥。栽植后要压紧，浇透水，以利根部发育。冬季地上部枯萎后，适当覆土，留地越冬。上述都做好，就可以等待开花了。

赠花礼仪

宜在母亲节时用萱草、常春藤、杜鹃花包成花束送给自己的母亲，祝愿"亲爱的母亲永葆青春，吉祥如意"。

Narcissus jonquilla L.

长寿花

射手座守护花

别名：寿星花、好运花、高凉菜。

科属：景天科伽蓝菜属。

花期：春季。

花语：坚忍、好运齐来。

喜暖、稍湿润和阳光充足环境。不耐寒，耐半阴和干旱，怕水湿和高温。生长适温为15~25℃，冬季温度不低于12℃，若低于5℃，叶片发红，花期推迟，温度再低则发生冻害。夏季温度超过30℃，生长受阻。

❁选购

盆花要求株形美观，分株多，丰满，株高不超过25厘米；叶片卵形、肉质、紧凑、深绿色。植株花蕾多并有部分花朵已开放，花色多样，以重瓣者为佳。

🪴选盆 / 换盆

盆栽用直径12~15厘米盆。

🐛配土

盆土用肥沃园土、泥炭土和沙的混合土。

💧浇水 / 光照

生长期每周浇水1次，保持盆土湿润，若浇水过多或盆土过湿，易导致叶片腐烂、脱落。冬季盆土过于干旱，叶片变红，花期明显推迟。夏季高温，光照强度大，注意遮阴。

🪨施肥

生长期每半月施肥1次，用腐熟饼肥水，或用"卉友"15-15-30盆花专用肥。

✂ 修剪

控制植株高度,可摘心1次或2次,或者苗株定植后2周用0.2%B-9液喷洒1次,株高12厘米时再喷洒1次的方法。花谢后及时剪除残花,促使萌发新花枝,继续开花。

🌱 繁殖

扦插:从母株上剪取成熟的肉质茎,长5~6厘米,插入沙床,在15~20℃条件下,插后2~3周生根,4~5周盆栽。除茎插之外,可用叶插或叶芽法扦插。叶插:将健壮、肥厚叶片斜插或平插沙床中,喷雾保持湿润,2~3周后,从叶片基部生根,并逐渐长出新植株。

🧴 病虫害

褐斑病发病初期,可用75%百菌清可湿性粉剂600~700倍液,每5~7天喷洒1次,连喷数次可控制病害发展。种植前剥去膜质鳞片,将鳞茎放在0.5%福尔马林溶液中。枯叶病病发初期,可用50%代森锌1500倍液喷洒。线虫病可用40~43℃的0.5%福尔马林液浸泡鳞茎3~4小时加以预防。

Q 不败指南

长寿花长白霜是怎么回事?

长寿花的植株上面出现白霜,这是感染了白粉病的症状,可以用65%代森锌可湿性粉剂600倍液喷洒。平时在养殖的时候也要做好通风,避免在密闭的环境下长放,这样容易有病虫害。

赠花礼仪

谨记不要送白色或黄色的长寿花,或者送无花的长寿花。

重瓣系列(白色)

重瓣系列(红色)

巴西重瓣系列(黄色)

Lupinus micranthus

羽扇豆

双子座守护花

别名：鲁冰花。

科属：豆科羽扇豆属。

花期：春夏季。

花语：悲伤、母爱、幸福。

喜凉爽、湿润和阳光充足的环境。较耐寒，怕高温和水湿，稍耐阴。生长适温为13~20℃，冬季可耐−15℃低温。

❀选购

盆花要求株形健壮，基生叶掌状复叶，排列有序，绿色。花茎已从叶丛中抽出，并已开花着色，色彩鲜艳，双色品种更佳。

选盆 / 换盆

用直径20厘米盆。根据生长状态，每年要换盆1次或2次。

配土

盆土用培养土、腐叶土和粗沙的混合土。

浇水 / 光照

生长期土壤保持湿润，忌向花序上淋水。冬季遇雨雪天气注意开沟排水。在生长期间要给足光照，充足的光照有利于羽扇豆生长，同时还利于提升开花效果。

施肥

生长期每半月施肥1次，用腐熟饼肥水。如氮肥过量，影响开花。花前增施磷钾肥1次或2次。

修剪

花后不留种，要及时剪去残花。

▲画廊系列(粉色)　　▲奖品系列(深蓝色)　　▲画廊系列(红色)

🌱繁殖

分株:春、秋季均可进行,以秋季花后进行最好。直根发达,须根少,分株时需多带土。一般每隔2~3年分株1次。播种:露地以秋季10月播种,发芽适温为15~18℃,播后15~25天发芽。盆播,种子坚硬,播种前先在0℃处理48小时,再温水浸种24小时,滤干后播在盛泥炭的播种盆内,在12℃室温下,2月中旬播种,5~6月开花。

🧴病虫害

常有叶枯病、叶斑病和白粉病危害,可用50%多菌灵可湿性粉剂1500倍液喷洒。虫害有蚜虫和盲蝽,危害时用40%氧化乐果乳油1500倍液喷杀。

不败指南

Q 羽扇豆为什么蔫了?

若是栽培的时候用的土壤不适合会有发蔫情况。建议勤松土,或者直接更换土壤。也可能是浇水量多,羽扇豆耐旱能力有限,不耐水湿。建议减少浇水,多通风,尽快蒸发掉水分。

赠花礼仪

羽扇豆是11月2日诞生者的生日之花,可以赠送给在这天过生日的亲友。

Oncidium flexuosum

文心兰

射手座守护花
生肖属狗者的幸运花

别名：金蝶兰。

科属：兰科文心兰属。

花期：四季。

花语：美丽、活泼。

喜温暖、湿润和半阴的环境。不耐寒，耐半阴，怕干燥和强光暴晒。生长适温为12~23℃，冬季不低于8℃。空气湿度50%~60%，夏季遮光30%~50%。

❀选购

一是要选择分枝多、香气好、花量大的品种。二是要选择不同季节开花的，可进行品种搭配。三是购买兰株要注意季节，若冬季买，必须选择接近满开状的盆花。

🪴选盆 / 换盆

常用直径15厘米的盆，也可用蕨板、蕨柱或椰子壳。结合分株换盆。

❧配土

盆土以透水性好和通气性强的土壤为宜，可用树蕨块、苔藓和沙的混合土，也可用树皮块和碎砖块或山石的混合土。

💧浇水 / 光照

春季开花品种放阳光充足处，待盆内水苔干燥后浇水，使盆土干湿交替。夏季放半阴处，盆土保持干燥，每2天浇水1次。秋季放室内散射光照处，增加浇水量。每周浇水2次或3次。冬季进入半休眠状态，盆土保持稍干燥。温度低于10℃时，停止浇水。

🗒施肥

3~10月是新芽生长期和花蕾发育期，每半月施肥1次，可用3号"花宝"复合肥的3000倍液。同时，每半月还可用"叶面宝"的4000倍液喷洒叶面加以补充。

✂ 修剪

夏季开花品种，花后从基部剪除花茎。开花前从假鳞茎内侧抽出的花茎伸长到30~40厘米时，需用兰花专用支柱进行绑扎支撑，防止倒伏。

🌱 繁殖

分株：春秋季进行，常在4月下旬至5月中旬新芽萌发前结合换盆分株。将长满盆器的兰株挖出，去除根部的旧水苔，剪除枯萎的衰老假鳞茎，把带2个芽的假鳞茎剪下分株，直接栽植在盛水苔的盆内。盆栽时，给新芽生长留出空间，栽后先放半阴处，1~2周后再浇水。

🏠 病虫害

常见黑斑病、软腐病和锈病危害。发病初期分别用75%百菌清可湿性粉剂1000倍液、50%多菌灵可湿性粉剂500倍液和20%三唑酮可湿性粉剂1500倍液喷洒。虫害有介壳虫和红蜘蛛，发生时分别用40%氧化乐果乳油1000倍液和2%农螨丹1000倍液喷杀。

Q 不败指南

文心兰的花蕾为什么枯黄了？

花期水分不足，花蕾很容易败育、枯黄和脱落。因此养护花期中的文心兰最好每2天浇水1次，适当向叶面周围多喷雾，以增加空气湿度。

赠花礼仪

文心兰适合赠送女友，赞美她"婀娜多姿"；宜制作新娘捧花，寓意"百年好合"。

文心兰分株的步骤

1.剪除枯萎、衰老根系。
2.把带2个芽的假鳞茎分开。
3.直接栽植在盛水苔的盆内。

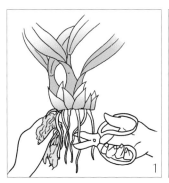

Paeonia lactiflora

芍药

双子座守护花

别名：将离。

科属：毛茛科芍药属。

花期：夏季。

花语：惜别、结情之约、绰约。

喜冷凉、湿润和阳光充足的环境。耐寒性强，怕积水和高温。生长适温为10~25℃，冬季能耐 –15℃低温。

❀选购

在选购花枝或盆花时，以紧实花蕾开始显色的为宜，重瓣花比单瓣花稍显色些。

🪣选盆 / 换盆

常用直径20~25厘米的盆。宜10月中旬至翌年2月中旬换盆。

🐛配土

以肥沃、深厚和排水良好的沙质壤土为宜。盆栽可用肥沃园土、腐叶土和粗沙的混合土。

💧浇水 / 光照

春季盆土保持湿润，不能积水，充足光照。夏季进入花期，需保持土壤湿润，但不能积水，及时遮阴防暑，浇水用细喷壶，防止猛水冲淋，雨后及时排水。秋季盆土保持湿润。冬季植株处于休眠期，培土盖草以防根部芽头外露冻伤。雨、雪天气防止土壤过湿或积水，以免烂根、伤苗，适度光照。

🗒施肥

生长期施肥2次或3次，用腐熟饼肥水。4月进入现蕾期，为了让花开得大而鲜艳，每周施磷钾肥1次，有利花蕾发育。

✄ 修剪

当出现主花蕾时，及时剥去侧花蕾，一般一茎只宜留一花，花后立即剪去花茎。

🌿 繁殖

分株：9~12月进行，剪去地上部分，挖出根部，剪去老根，不伤新根，顺裂缝用刀切开，每个分株要有3~5个鼓起的花芽，切忌碰伤芽头。播种：7月种子成熟后立即播种，当年秋季幼根萌发，翌春发芽。实生苗需4~5年开花。

🗒 病虫害

常有黑斑病和白绢病危害，发病前定期喷洒50%多菌灵可湿性粉剂500倍液。虫害有蛴螬、蚜虫，分别用50%马拉松乳油2000倍液和40%乐果乳油2000倍液喷杀。

Q 不败指南

芍药如何延长花期？

芍药花期只有10天左右，想要延长花期需要清理多余的小花蕾，保证充足的光照，不要把水洒在花叶上、不施肥也是很快见效的方法。

赠花礼仪

适合作为信物送恋人；也可以赠即将分别的友人，以表达"惜别之情"。

"蝴蝶戏金花"品种

"大富贵"品种

"蓉花魁"品种

Phalaenopsis aphrodite

蝴蝶兰

射手座守护花
狮子座幸运花

别名：蝶兰、蛾兰。
科属：兰科蝴蝶兰属。
花期：冬春季。
花语：爱情、纯洁、美丽。

喜温热、多湿和半阴环境。不耐寒，怕空气干燥和风吹。生长适温为14~24℃，相对湿度60%~80%和遮光率60%~70%较为合适。

❀选购

对蝴蝶兰初养者来说，以选择白花和红花的蝴蝶兰为宜。选择开始开花、花瓣完整无折伤、花色亮丽的植株。购买蝴蝶兰花枝以花蕾开放后3~4天为宜，并立刻进行水养。冬季选购的蝴蝶兰必须避免直射光的长时间照射。

选盆 / 换盆

盆栽常用直径20~30厘米的瓦盆、塑料盆、釉边盆。换盆的推荐时间是5月下旬。

配土

盆土以疏松、排水和透气的土壤为宜，常用苔藓、椰壳、蛭石、蕨根、树皮块等做混合土。

浇水 / 光照

春季进入盛花期，每2~3天浇水1次，盆土湿润即可。夏季气温超过18℃放在室外养护，避免阳光直晒，每天浇水1次。高温时可多向叶面喷雾。秋季气温下降到15℃前搬进室内养护，每2~3天浇水1次。冬季将盆栽搬回室内温暖处，控制室温于12~15℃，开始开花。若温度低于10℃，易发生冻害和病害。

观叶 草本 多肉 观果 木本 水培 蝴蝶兰

114

施肥

5月下旬刚换盆,正处于根系恢复期,不需施肥。6~9月为新根、新叶生长期,每周施肥1次。夏季高温期可适当停止施肥2次或3次。10月以后兰株生长减慢,减少施肥,以免生长过盛,影响花芽形成,致使不能开花。进入冬季和开花期则停止施肥,若继续施肥会引起根系腐烂。

修剪

待花朵完全凋谢后,将花茎全部剪掉,否则会消耗营养。

繁殖

分株:当盆栽蝴蝶兰根系长出盆外,花梗上的腋芽发育成子株,并长出新根时,可从花梗上将子株切下进行分株栽植。以花朵完全凋萎后分株为好,常在春末夏初结合换盆进行。

病虫害

蝴蝶兰易患枯叶病,若有发病迹象可喷洒杀菌粉预防。发现病兰需尽快切除隔离,避免灾情扩大。昆虫蛞蝓是常见的蝴蝶兰虫害,可以用杀虫剂控制这类虫害。

Q 不败指南

蝴蝶兰为什么不长花箭呢?

不长花箭可能是因为光照不足,此时要摆放到有散射光的地方养护。也可能是因为施肥不合适,此时要停施氮肥,改用磷钾肥。还可能是温度不适,此时要将它移放到一个昼温25℃左右、夜温18℃左右的环境中养护。

赠花礼仪

宜作新娘和傧相的捧花、襟花、腕花,象征"高雅"。

蝴蝶兰分株的步骤

1.将兰株取出,从根部剪开。

2.分别修剪根部。

3.把用水苔包裹好的兰株栽入新盆中。

Strelitzia reginae

鹤望兰

射手座守护花

别名: 天堂鸟花、天堂鸟蕉、极乐鸟花、
凤鸟花。

科属: 旅人蕉科鹤望兰属。

花期: 冬春季。

花语: 长寿、胜利、花花公子。

喜温暖、湿润和阳光充足的环境。不耐寒,
怕积水,稍耐阴。生长适温为17~27℃,冬
季温度不低于5℃,否则茎叶易遭受冻害。

❀选购

买苗株要求植株挺拔,株高不超过1米,
每丛叶片8~10枚。叶片长圆披针形,基
部圆形或锥形,深绿色。花茎多,以第1
个花茎的第1朵小花开放时为宜,有双花
者更佳。

▽选盆 / 换盆

盆栽用直径30~40厘米的木桶或釉缸。
早春2~3月换盆。

⚘配土

盆土用培养土、腐叶土和粗沙的混合土,
盆底多垫粗瓦片以利排水。

♦浇水 / 光照

浇水生长期需充分浇水,土壤保持湿润;
花后适当减少浇水,以免肉质根长期过
湿引起腐烂。室内空气干燥时,向叶面
适度喷雾。

▦施肥

生长期每月施肥1次,用腐熟饼肥水,当
形成花茎和在花期中,每月施磷钾肥1次,
或用"卉友"20-8-20高硝酸复合肥。

⚗修剪

如不留种,花后立即剪除花茎,减少养分
消耗。平时随时剪除黄叶、枯叶、病叶、
断叶和老化叶片。

🌱繁殖

分株：早春2~3月用利刀从根隙处带根切下周围长出的分蘖苗株，使小丛带2个或3个芽，在切口处涂以草木灰，使之干燥形成保护层，然后重新用木桶、陶瓷缸或白色塑料深盆栽种。

🧴病虫害

室内通风不畅，易发生介壳虫危害，可用40%氧化乐果乳油1000倍液喷杀。夏季高温易引起叶斑病危害，发病初期用50%多菌灵可湿性粉剂800倍液喷洒防治。

Q 不败指南

鹤望兰不发芽应该怎么办？

鹤望兰不长新芽是因为长期没有进行修剪。在发芽期将上部茎枝以及徒长枝、细弱枝、杂烂枝都剪除掉，侧枝也要进行修剪，这样才能长出大量新芽，修剪后做好消毒杀菌处理。

赠花礼仪

宜赠亲朋好友，或在长辈寿辰中赠送，有"祝老人似仙鹤般长寿"的寓意。

白花双花朵

黄花双花朵

白花单花朵

Gazania rigens

勋章花

别名：勋章菊、非洲太阳花。

科属：菊科勋章菊属。

花期：春末夏初。

花语：光彩、荣耀。

喜温暖、温润和阳光充足的环境。稍耐寒，耐高温，怕积水。生长适温为15~20℃，冬季温度不低于0℃，而对30℃以上高温适应能力较强。

❀选购

盆花要求植株矮壮，株高不超过25厘米，叶片茂盛，深绿。抽出花茎多，饱满匀称，有部分已初开。切花要求花茎粗壮、挺拔，花朵以初开、着色者为优。

选盆 / 换盆

盆栽用直径8~12厘米盆。换盆时切忌把小苗直接栽在大盆里。小苗换盆不必将原植株根部盆栽基质去掉，注意要使根茎部分与盆沿高度相一致，换盆时温度不能太低。

配土

盆土用培养土、腐叶土和粗沙的等量混合土。

浇水 / 光照

茎叶生长期宜土壤湿润，但水分不要过多。保证光照充足。

施肥

生长期每半月施肥1次，用腐熟饼肥水，或用"卉友"15-15-30盆花专用肥。

✂ 修剪

如不留种，花谢后及时将残花剪除，有助于形成更多花蕾、多开花。

🌱 繁殖

播种：4月春播或9月秋播，发芽适温为16~18℃，播后14~30天发芽，苗具1对真叶时移苗。分株：在3~4月叶丛萌发前，将越冬母株挖出，用利刀自株丛的根茎部纵向切开，每个分株带芽头和根系，可直接盆栽。扦插：春秋季进行，剪取带茎节的芽，留顶端2片叶，插入沙床，插后20~25天生根，若用0.1%吲哚丁酸处理1~2秒，生根更快。

🧴 病虫害

常有叶斑病危害，用25%多菌灵可湿性粉剂1000倍液喷洒。虫害有红蜘蛛和蚜虫，发生蚜虫危害时，用2.5%鱼藤精乳油1000倍液喷杀，红蜘蛛用40%氧化乐果乳油1500倍液喷杀。

Q 不败指南

Q 如何使勋章花观赏期延长？

勋章花一般会在4~5月开花。想要勋章花观赏期延长到一年四季，可以在开花时稍遮阴，保持凉爽的环境。此外，冬天加强防寒措施，仍可继续开花。

赠花礼仪

红、黄、橘红色的勋章花宜赠儿童，寓意祝愿他们活泼可爱。送花在晴天的中午前后效果更佳。

▶ 鸽子舞系列（黄色）

▶ 虎斑系列（混色红条黄色）

▶ 黎明系列（红条）

▶ 欢乐小调系列（橙红色）

Pelargonium hortorum

天竺葵

狮子座守护花

别名：花鹳草、石蜡红、洋葵。

科属：牻牛儿苗科天竺葵属。

花期：春夏季。

花语：爱慕、爱情、安乐、拥有、真实。

喜温暖、湿润和阳光充足的环境。不耐寒，忌高温和积水。生长温度为10~25℃，冬季不低于2℃,16℃左右有利于花芽分化。

❀选购

选购天竺葵时，要求株形美观、丰满，株高不超过30厘米，叶片密集、紧凑，呈绿色；植株花蕾多并有部分花朵已开放，花色鲜艳，双色、重瓣者更佳。

🪴选盆 / 换盆

常用直径12~15厘米的盆。花后换盆通常在3~4月和9~10月进行。

🐛配土

盆土以肥沃、疏松和排水良好的沙质壤土为宜，可用腐叶土、泥炭土和沙的混合土。

💧浇水 / 光照

生长期盆土保持湿润，每周浇水3次。夏季高温时减少浇水，掌握"干则浇"的原则。宜在清晨浇水，盆内忌过湿或积水。秋季摆放在阳光充足的阳台或窗台，室温保持10~12℃，每周浇水2次。浇水做到"干则浇"，在晴天午间进行，切忌用冷水浇灌。若室温保持16℃以上，植株会照常开花不断。

🔥施肥

生长期每半月施肥1次，花芽形成期每半月加施1次磷肥，或用"卉友"15-15-30盆花专用肥。萌发新枝叶后，每10天施1次薄肥。秋季天气转凉时，减少施肥量；冬季室温过低时，停止施肥。

▲地平线系列（深鲑肉色）　　　▲维纳斯系列（粉色）　　　▲地平线系列（白色）

✂修剪

苗高12~15厘米时进行摘心，促使产生侧枝，达到株形矮、开花多的效果。当花枝伸长、生长势减弱时，进行重剪，剪去整个植株的1/2或1/3，并放阴凉处恢复。

🌱繁殖

扦插：除植株处于半休眠状态外，均可扦插，以夏末或初秋为佳。选用顶端枝条，长10~15厘米，扦插前，插穗干燥1天，再插入泥炭土中，2~3周生根。一般扦插苗培育半年开花。若用0.01%吲哚丁酸液浸泡插条基部2秒，则生根快，根系发达。

🧴病虫害

生长期如通风不畅或盆土过湿，易发生叶斑病和灰霉病。发病初期用75%百菌清可湿性粉剂800倍液或50%甲霜灵锰锌可湿性粉剂500倍液喷洒。常有红蜘蛛和粉虱危害叶片及花枝，虫害发生时用40%氧化乐果乳油1000倍液喷杀。

Q 不败指南

Q　天竺葵下部枯萎了怎么办？

主要是肥料不足或盆土板结不透气造成的。肥料不足会引起底部叶片枯萎脱落，花也开不出来；几年没换盆，盆土缺肥板结，也会使底部叶片枯萎脱落。因此盆栽2年的花株需要重新扦插，才能开花不断。

红掌

Anthurium andraeanum

红掌
（花烛）

狮子座守护花

别名：安祖花、红鹤芋。

科属：天南星科花烛属。

花期：四季。

花语：热情豪放。

喜高温、多湿和半阴的环境。不耐寒，怕干旱和强光。生长适温为20~30℃，冬季温度不低于15℃，15℃以下则形成不了佛焰苞，13℃以下会出现冻害。

❀选购

购买盆花要求株形丰满，叶片完整、深绿、无病斑，花苞多，有2朵或3朵已发育成花朵者为优。切花要求花茎笔直，充分硬化，不弯曲，佛焰苞已充分发育。购买幼苗以4片或5片叶，根多色白者为宜。

▽选盆 / 换盆

盆栽用直径15~25厘米的盆，一般每2年换盆1次。

❀配土

宜肥沃、疏松和排水良好的土壤。

♦浇水 / 光照

生长期应多浇水，并经常向叶面和地面喷水，保持较高的空气湿度。开花期适当减少浇水，充分光照。夏季高温时2~3天浇水1次，中午可向叶面喷雾，避免强光暴晒。冬季浇水应在上午9点至下午4点进行，以免冻伤根系。向叶面喷雾不要用漂白过的自来水和在夜间进行，否则易诱发病害。

▣施肥

生长期每半月施肥1次，用腐熟饼肥水，或用"卉友"20-8-20四季用高硝酸钾肥。

✂ 修剪

花谢后及时剪去残花,平时必须剪去黄叶、断叶和过密叶片。

🌱 繁殖

分株:春季选择3片叶以上的子株,从母株上连茎带根切割下来,用水苔包扎移栽于盆内,20~30天萌发新根后重新定植于直径15~20厘米的盆内。扦插:剪取带1个或2个茎节、有3片或4片叶的作插穗,插入水苔中,待萌发根后再定植于盆内。

🧴 病虫害

常见炭疽病、叶斑病和花序腐烂病等危害,可用等量式波尔多液或65%代森锌可湿性粉剂500倍液喷洒。虫害有介壳虫和红蜘蛛危害地上部分,可用50%马拉松乳油1500倍液喷杀。

Q 不败指南

红掌如何水培养活?

将买回家的红掌脱盆后,放在清水中先浸泡一下,然后把根部的土壤清洗干净,用与植株大小相适宜的玻璃瓶器,将根系放入,1/2的根系露出水面,一定不可将根系全部淹入水中。一般每周加水1次,每旬加1次营养液。室温保持在20~30℃,如果根部长出小吸芽,需及时剪去。

> **赠花礼仪**
>
> 宜赠热情豪放的亲朋好友,祝贺他们事业有成。

红掌分株的步骤

1. 母株底部的茎长得过长,已经长出了气根。从气根以下切断。
2. 把湿润的水苔填进根部,种到小型花盆里,用水苔栽培。
3. 母株上长出新的植株,可以适当施些液肥,把子株从母株上切离。
4. 将一个子株栽入一个小盆。

Anthurium andraeanum

白掌
（白鹤芋）

别名：和平芋、苞叶芋。

科属：天南星科苞叶芋属。

花期：春夏季。

花语：纯洁、安泰。

喜高温多湿和半阴环境。不耐寒，怕强光暴晒。生长适温为15~30℃，冬季温度不低于15℃，室温低于5℃叶片易受冻害。

❀选购

植株健壮、丰满，叶片青翠、光亮，无缺损。花茎挺拔，苞片、花序洁白、亮丽，无污迹、受损。

▽选盆 / 换盆

盆栽用直径15~20厘米盆。换盆时天气也需注意，最好是在阴天。

☙配土

盆土用园土、腐叶土和河沙的混合土，加少量过磷酸钙，盆栽后放半阴处养护。每2年换盆1次。

♦浇水 / 光照

盆土稍干应立即浇水，每周浇水1次或2次，保持土壤湿润。花期每周浇水3次，盆土保持湿润，若室内空气干燥，向地面或盆面喷水，增加空气湿度。冬季室温达15℃时，每周浇水1次，盆土保持稍湿润。夏季强光下注意遮阴，冬季给予充足光照。

▣施肥

生长期和开花期，每月施肥1次，但氮肥不能过量，否则会影响开花，或用"卉友"20-20-20通用肥。室温达15℃时，停止施肥。

✂ 修剪

花后将残花剪除，换盆时注意修根。随时剪除植株外围的黄叶、枯叶，并用稍湿的软布轻轻抹去叶片上的灰尘，保持叶片清洁、光亮。

✿ 繁殖

分株：分株的方法是适合家用的，选在春季或秋季，从株丛基部的地方将根茎切开，保证每丛上有3个以上的芽点，之后将每丛分别栽种到花盆中。播种：通过授粉的方式取得种子，将种子温水浸泡催芽后播种到花盆中。

🧴 病虫害

常见有叶斑病、褐斑病和炭疽病危害，发病初期用50%多菌灵可湿性粉剂500倍液喷洒防治。通风不畅、湿度大时，易发生根腐病和茎腐病危害，可用75%百菌清可湿性粉剂800倍液喷洒防治。

Q 不败指南

白掌应该如何保持不变色？

买回家的盆栽植株，摆放在有纱帘的朝南、朝东南窗台或装饰在明亮居室的花架上，避开阳光直射。盆土保持湿润，冬季根据室温高低决定是否浇水，空气干燥时向叶面喷水。

粉色白掌

养花有益

白掌有净化空气的功能，摆放在厨房可以有效去除做饭时的味道。

绿苞白掌

黄绿色白掌

Sinningia speciosa

大岩桐

双鱼座守护花
生肖属牛者的幸运花

别名：落雪泥。

科属：苦苣苔科大岩桐属。

花期：夏秋季。

花语：华美的姿态。

喜温暖、湿润和半阴的环境。夏季怕强光、高温，喜凉爽；冬季怕严寒和阴湿。生长适温为16~23℃，冬季为10~12℃。夏季高温多湿，植株被迫休眠，冬季不低于5℃。

❀选购

购买大岩桐盆栽植株，以1/2已开花和1/2具花蕾者为佳。选购块茎，以直径不小于2厘米，新鲜、充实，外皮清洁，无缩水现象，手感坚硬充实的块茎为宜。

选盆 / 换盆

常用直径12~15厘米盆。刚买的开花盆栽一般不需要换盆，可在春季4月块茎开始萌芽，或待开花结束后换盆。

配土

盆土用肥沃园土、腐叶土和河沙的混合土。

浇水 / 光照

苗期盆土保持湿润，花期每周浇水2次，防止过湿，从盆边或叶片空隙浇下，盆土需湿润均匀，切忌向叶面淋水，否则会造成叶斑或腐烂，且容易感染病菌。

施肥

生长期每2周施肥1次，肥液不能沾污叶片。花期每2周施磷钾肥1次，或用"卉友"15-15-30盆花专用肥。

修剪

如果花后不留种，及时剪除开败的花茎，可促使新花茎形成、继续开花和块茎发育。发现黄叶和残花应及时摘除。

🌱 繁殖

扦插：选取球茎上刚刚萌发的2~3厘米嫩枝，插入细砂或土壤中。之后放在有散射光的地方，温度18~20℃，15天左右就会长出根来。生长期还可用叶插进行繁殖。播种：留种植株进行人工授粉，并在种子成熟后及时采种。春季采用室内盆播，种子细小，播后不必覆土，发芽适温15~21℃，播后2~3周发芽，幼苗具6片或7片真叶时盆栽，秋季开花。

📦 病虫害

常见叶枯性线虫病，拔除病株后烧毁，此外盆钵、块茎、土壤均需消毒。生长期有尺蠖咬食嫩芽，可人工捕捉或在盆中施入呋喃丹诱杀。

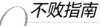

Q 不败指南

大岩桐花瓣褪色是什么原因？

这可能和大岩桐的栽培环境有关。室内摆放时间不能太久，否则光线不足，会容易导致大岩桐花瓣褪色，叶色淡，失去活力。大岩桐喜温暖，宜摆放在朝东和朝南有纱帘的窗台或阳台。

赠花礼仪

大岩桐在节日期间常作礼品花卉，赠送亲朋好友。

锦花系列(紫色)

锦花系列(粉色)

灿烂系列(红色)

Cyclamen persicum

仙客来

射手座守护花

别名：兔耳花、一品冠。

科属：报春花科仙客来属。

花期：冬春季。

花语：离别、含羞、内向、过去的欢乐。

喜冬季温暖、夏季凉爽和湿润的环境。喜光，但怕强光直晒，忌积水。生长适温为12~20℃，冬季不低于10℃，夏季不超过35℃。

❀ 选购

选购仙客来花枝，以花朵充分开放，花冠上4片或5片花瓣处于直立状态为宜。仙客来盆花以植株大部分花处于花蕾阶段为好，这样的盆花观赏期长。

▽ 选盆 / 换盆

常用直径12~15厘米的盆。9~10月休眠球茎萌芽时换盆。

⚘ 配土

盆土可用腐叶土、泥炭土和粗沙的混合土。

♦ 浇水 / 光照

春季每周浇水3次。花后叶片开始变黄时，应减少浇水，待盆土差不多干透后再浇水。夏季休眠球茎须放阴凉通风处。秋季每周浇水2次或3次，盆土保持湿润，花期浇水不要洒在花瓣或花苞上。冬季花期消耗水分较多，每周浇水2次，抽出花茎后每周浇水3次，必须待盆土干透再浇。

⬡ 施肥

生长期每10天施肥1次，花期增施1次磷钾肥，或用"卉友"20-20-20通用肥。用液肥时不能沾污叶面。

✄ 修剪

随时摘除残花败叶，以免发生霉烂。

✿ 繁殖

播种：以9月播种最好，采用室内点播的方式。发芽适温为12~15℃，播后约2周发芽。若播前用30℃温水浸种4小时，可提前发芽。一般品种从播种至开花需24~32周，迷你型品种需26~28周。扦插：块茎休眠期可用球茎分割法繁殖，生长期还可用叶插法进行繁殖。

🧴 病虫害

常见有软腐病和叶斑病。软腐病在7~8月高温季节发生。除改善通风条件外，用波尔多液喷洒1次或2次。叶斑病以5~6月发病多，叶面出现褐斑，除了及时摘去病叶外，还要用75%百菌清1000倍液喷洒2次或3次。虫害有线虫危害球茎，蚜虫和卷叶蛾危害叶片、花朵，可用40%乐果乳油2000倍液喷杀。

Q 不败指南

Q 仙客来的花茎为什么徒长了？

花期若钾肥过多或水分不足，都会造成花茎的徒长。因此养护仙客来时，把握好施肥量和浇水量尤为重要。另外，仙客来喜光，但怕强光直射，光照不足则叶片徒长、花色不正。宜摆放在阳光充足的朝东和朝南窗台上或阳台，室内摆放时间不能太长，否则花瓣易褪色，叶柄伸长下垂。

> **赠花礼仪**
>
> 仙客来是1月14日诞生者的生日之花，可以赠送给在这天过生日的亲友。

▶ 皱边海棠系列（红色）

▶ 山脊系列（玫瑰色）

▶ 天鹅系列（红色）

▶ 哈里奥皱边系列（红色）

Freesia refracta

小苍兰

水瓶座守护花

别名：香雪兰、小菖兰。

科属：鸢尾科香雪兰属。

花期：冬春季。

花语：纯洁。

喜凉爽、湿润和阳光充足的环境。不耐寒。生长适温为15~20℃，白天为18~20℃，夜间为14~16℃，冬季温度不低于5℃。

❀选购

选购盆花要求基生叶和茎生叶呈长剑形，颜色青翠，花茎粗壮，着花6~10朵，有1/2的花已初开，花色亮丽。选购切花以花序上第1朵花开始开放，至少两朵以上花蕾显色时最好。

▽选盆/换盆

常用直径12~15厘米的盆。每隔1~2年换盆1次，通常在夏末初秋进行。

❧配土

盆土用园土、腐叶土和沙的混合土。

◊浇水/光照

春季每周浇水2次或3次。开花后期，每周浇水1次。茎叶自然枯萎后，进入休眠期，停止浇水。夏季室温控制在25℃。秋季刚萌芽的植株，每周浇水1次。冬季摆放在阳光充足的窗台上或阳台，每周浇水2次。

▦施肥

刚抽出花茎的植株，可施1次0.2%磷酸二氢钾，促进花蕾充实、花朵大。抽出叶片的植株，每2周施磷钾肥1次。进入盛花期的植株不宜施肥，否则易引起落蕾、落花。

▲"粉红之光"品种　　　　▲"白天鹅"品种　　　　▲"莫斯拉"品种

✂ 修剪

花后如不留种，应及时剪除残花。进入花期或抽出花茎时，应设置支架把花序或花茎绑扎好，防止倒伏，以免影响结实和球茎发育。

🌱 繁殖

分株：花后茎叶继续生长，并形成新球茎，5月前后球茎进入休眠期。此时，地下母球茎逐渐干瘪、死亡，在母球周围形成3~5个小球茎。球茎量少可留盆中越夏，9月重新盆栽。

💊 病虫害

常见软腐病、球根腐败病、菌核病和花叶病等危害，要避免连作，球茎栽植前用200单位农用链霉素粉剂1000倍液喷洒表面防治。幼苗期发病，可用70%甲基托布津可湿性粉剂800倍液浇灌，以达到灭菌保种的效果。

Q 不败指南

小苍兰花序总是下垂是怎么回事？

当室温超过20℃时，易造成花朵枯萎、花序下垂，花期缩短，引起茎叶徒长、倒伏，不易开花。因此养护小苍兰需严格控制室温，花期室温最好保持15℃左右。

Anemone coronaria

欧洲银莲花

别名：冠状银莲花。

科属：毛茛科银莲花属。

花期：春季。

花语：坚忍、期待与盼望、失望与易逝。

喜凉爽、湿润和阳光充足的环境。较耐寒，怕高温多湿和干旱，耐半阴。生长适温为15~20℃，遮光50%~60%。夏季高温和冬季低温时块根处于休眠状态。

❀选购

购买盆花要求植株矮生，株高不超过30厘米，叶片翠绿，无黄叶，已抽出花茎并已初开，无缺损者。购切花要求初开，以花瓣刚从中心打开者为优。

▽选盆／换盆

盆栽用直径12~15厘米的盆，每盆栽3个块根，深度1.5厘米，地栽深5~7厘米，栽后浇水，促使块根萌芽。若栽种过晚，会延迟开花，而且开花数量减少，栽种必须在11月底之前结束。

◎配土

用腐叶土、肥沃园土和粗沙的混合土。

♦浇水／光照

盆土表面干燥后浇水，抽枝开花时盆土必须保持湿润。地栽的雨雪天后注意排水，防止积水。冬季盆土切忌过湿，以免块根腐烂。夏季遮光50%~60%，光照不足也会出现光抽枝不开花的现象。

▨施肥

生长期每月施1次薄肥，用腐熟饼肥水。开始见花时，加施1次磷钾肥，也可用"卉友"15-15-30盆花专用肥。

✄修剪

如果花后不留种，及时剪除残花有利于块根充实。

🌱 繁殖

分株：块根于6月叶片枯萎后挖出,用干沙贮藏于阴凉处。10月前将块根先放在湿沙中保存或水中浸泡,使之充分吸水,这样栽植后发芽整齐。

🧴 病虫害

常见锈病、灰霉病和菌核病危害,在块根栽植前,用1000倍升汞溶液消毒,发病初期用25%多菌灵可湿性粉剂1000倍液喷洒防治。蚜虫危害花枝时,可用10%吡虫啉可湿性粉剂1500倍液喷杀。

Q 不败指南

买回的种球,盆栽后怎么老是不发芽?

如果是健康的好种球没有发芽,可能是浇水有问题。如果种球上盆后一次性浇水过多,就会使球根过湿出现腐烂。刚栽种球只需浇少量的水,将盆土湿润即可,以后慢慢增加浇水量。

赠花礼仪

欧洲银莲花是1月17日诞生者的生日之花,可以赠送给在这天过生日的亲友。

德·凯恩系列
（红白双色）

德·凯恩系列(鲜红色)

米多加系列(蓝色)

重瓣潘多拉系列
（粉红色）

Hippeastrum rutilum

朱顶红

双鱼座守护花

别名：孤挺花。

科属：石蒜科孤挺花属。

花期：春季。

花语：喋喋不休、多话、多嘴。

喜温暖、湿润和阳光充足的环境。不耐严寒，怕水涝和强光。生长适温为20~25℃，冬季温度不低于5℃。

❀选购

盆花要求叶片繁茂、有序、深绿色，花茎粗壮、挺拔，花4朵对称，呈初开状态。鳞茎要求充实、饱满，外皮褐色、清洁，周径不小于24厘米。

🪴选盆 / 换盆

盆栽用直径12~15厘米盆。经1年生长，应换上新土、新盆。

🪱配土

盆土用腐叶土或泥炭土、肥沃园土和沙的混合土。

💧浇水 / 光照

初栽时少浇水，出现叶片和花茎时，盆土保持湿润。鳞茎膨大期盆土继续保持湿润，鳞茎休眠时保持干燥。

🗑施肥

生长期每半月施肥1次，抽出花茎后加施1次磷钾肥。花后继续供水、供肥，促使鳞茎增大、充实。

✂修剪

花谢后，要及时剪掉残花和花梗，有利于鳞茎球充分吸收养分。

🌱 繁殖

播种：5~6月采用室内盆播，种子平放，覆浅土，发芽适温为18~22℃，播后20天左右发芽，待真叶有3片或4片时进行第1次移栽，从播种到开花需3~4年。分株：于2~3月换盆时进行，将母球旁生的小鳞茎分开，一般开花鳞茎周长在24~26厘米，栽植时鳞茎的1/3露出土面。

🧴 病虫害

主要有病毒病危害，病毒病致使根、叶腐烂，可用75%百菌清可湿性粉剂700倍液喷洒防治。虫害有红蜘蛛，用40%三氯杀螨醇乳油1000倍液喷杀。

Q 不败指南

Q 朱顶红为什么不长新芽？

可能是鳞茎种植太深导致的，要保证鳞茎的1/4到1/3露在土表面。或者可能是施肥不当导致的，可定期换盆，及时施肥，花前增施磷钾肥。

赠花礼仪

大红的朱顶红色彩艳丽，宜赠女友和有突出贡献的朋友，以表示"完美无缺"。

▶『埃尔娃』品种

▶『迷雾』品种

▶『花孔雀』品种

▶『诱惑』品种

▶『双龙』品种

Iris ensata

花菖蒲

金牛座守护花

别名：玉蝉花。

科属：鸢尾科鸢尾属。

花期：夏季。

花语：优雅、自信。

喜温暖、湿润和阳光充足的环境。较耐寒，怕干旱，稍耐阴。生长适温为13~25℃，冬季能耐 −15℃低温。

❀选购

购买盆花时，要求植株健壮，花茎挺拔，花朵大、色彩鲜艳，重瓣者更好。叶基生、线形、中脉明显凸起，叶片绿色。无缺损，无污迹，无病虫危害。对根状茎要求短粗、充实、新鲜，外皮清洁，须根多。无病虫痕迹，无臭味。

🪣选盆 / 换盆

用直径30~40厘米的盆。换盆移栽时，将植株上部叶片剪掉，留下20厘米。

🌱配土

盆土用培养土或园土。

💧浇水 / 光照

生长期土壤保持较高湿度，尤其是花期，根部需生长在水中，以水深5~7厘米为宜，10月以后土壤可稍干燥。夏季高温时，应经常向叶面周围喷雾，增加空气湿度。

🧴施肥

盆栽或庭院地栽要施足基肥，生长期施肥3次或4次，可用腐熟饼肥水，或用"卉友"20-8-20四季高硝酸肥。

✂修剪

如不留种，花谢后及时剪除残花，并注意清除杂草和枯黄叶。

🌱 繁殖

播种：春季用盆播，播前用温水浸泡半天。发芽适温为18~21℃，15~20天发芽，苗高5~6厘米时移栽，实生苗第2年能有一半开花。分株：春、秋季或花后进行，将母株根茎用利刀切开，每段根茎须带芽头，栽植时让芽露出土面。

🗄 病虫害

常发生灰霉病和叶斑病，发病初期用75%百菌清可湿性粉剂800倍液喷洒防治。虫害有蛞蝓和蜗牛，可用菜叶诱杀或傍晚用3%石灰水喷杀。

Q 不败指南

花菖蒲掉叶子应该怎么办？

改善花菖蒲掉叶子的情况，需要保证充足光照，及时补充水分，适当松土。如果是因为肥料过量，需要冲洗盆土，洗去余肥，修剪根部。

养花有益

取花菖蒲的花瓣9-15克煎汤内服，可清热利水，消积导滞。

花菖蒲分株的步骤

1. 新叶超过4片时即可分株。
2. 剪除1/3的叶片。
3. 在保湿性好的土壤里栽种，放在盛水的浅盆里以吸收水分。

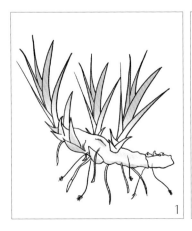

Lilium 'Oriental Hybrid

东方百合

别名：杂种百合。

科属：百合科百合属。

花期：夏季。

花语：百事合心、百年好合。

喜温暖、湿润和阳光充足的环境。较耐寒，怕高温多湿，怕积水，耐半阴。生长适温为15~25℃，冬季温度不低于0℃。多年生草本。

❀ 选购

盆花要求植株健壮，叶片披针形，亮绿色；花茎挺拔，花大，漏斗状，裂片外翻，花色丰富。鳞茎要求球形、白色、充实、饱满、清洁，周径在14厘米以上。

▽ 选盆 / 换盆

用直径15~20厘米深筒盆。盆栽百合花每年换盆1次，换上新的培养土和基肥。

♉ 配土

盆土用腐叶土、泥炭土和粗沙的混合土，加少量腐熟饼肥屑和骨粉。

◊ 浇水 / 光照

生长期每周浇水1次，花后逐渐减少浇水，待地上部分枯萎后停止浇水。保证充足光照。

▣ 施肥

春季生长初期和现蕾时各施肥1次，用腐熟饼肥水。

⚘ 修剪

如果不留种，花谢后立即剪除花茎。待茎叶枯黄凋萎后，剪除地上部分。

🌱繁殖

分株：植株枯萎后挖出鳞茎时采收小鳞茎。根据小鳞茎的大小进行分级，培育成开花的种鳞茎。扦插：常以鳞片扦插，选用充实无病鳞茎，剥去外层过分成熟的鳞片，留下幼嫩的中心部分，取生长厚实的中部鳞片作为繁殖材料。9月将鳞片插入沙床中，在18~20℃下，保持湿润，当年能形成小鳞茎。

🧴病虫害

常见病毒病和灰霉病，发生初期用50%退菌特可湿性粉剂1000倍液喷洒。虫害有蚜虫，发生时用10%吡虫啉可湿性粉剂1500倍液喷杀。

Q 不败指南

东方百合的鳞茎为什么会腐烂？

东方百合的鳞茎和其他球根花卉的鳞茎不同，其根会从上下两处长出。往下长的根系主要起固定鳞茎的作用，而往上长的根系用于吸收水分和养分。由此，栽种必须在适宜的深度，并且避免土壤黏重和积水。

赠花礼仪

我国把具有团结友好之意的东方百合视为吉祥之物。适合赠予父母、领导及恋人。

"西安"品种

"赞西比"品种

"拉曼"品种

Ranunculus asiaticus

花毛茛

双鱼座守护花

别名：陆莲花、芹叶牡丹。

科属：毛茛科毛茛属。

花期：春夏季。

花语：爽朗、受欢迎、美好的人格。

喜凉爽、湿润和阳光充足的环境。较耐寒，也耐半阴，怕强光暴晒和高温，忌积水和干旱。生长适温白天为15~20℃，夜间为7~10℃，冬季不低于-5℃。

❀选购

选购盆花要求植株健壮，株高不超过30厘米，以花蕾显色、即将开放为宜。切花宜即刻放入水中瓶插。购买种子要饱满、新鲜，以重瓣、双色品种为佳。购买块根要求充实、饱满、新鲜，周径不小于7厘米。

▽选盆 / 换盆

盆栽用直径12厘米的盆，每盆栽苗3株，块根栽植深度为2~3厘米。

⌇配土

盆土用培养土、腐叶土和粗沙的混合土，加少量盆花专用肥。

⬦浇水 / 光照

宜摆放在阳光充足的位置。早春生长期盆土保持湿润，露地苗雨后注意排水。花期保证土壤湿润，开花接近尾声，逐渐减少浇水。地上部发黄枯萎时停止浇水。

▣施肥

开花前追肥1次或2次，花后再施肥1次，用腐熟饼肥水，或用"卉友"15-15-30盆花专用肥。

✄修剪

如果花后不留种，应剪去残花，有利于块根的发育。大花重瓣品种花蕾不要多留，每株只留2个或3个健壮花蕾。

🌱 繁殖

播种：5~6月种子成熟，秋季露地播种，发芽适温为
10~18℃，播后2~3周发芽，需保持土壤湿润，当出现
2~5片真叶时，可对花苗进行分栽。冬季注意防寒和
施肥，翌年春季开花。分株：夏季块根进入休眠，9~10
月进行分株繁殖，将贮藏的块根地栽或盆栽，栽前将
块根用灭菌灵溶液或其他杀菌剂消毒。出苗越冬后于
春季开花。

🧴 病虫害

生长期有灰霉病危害叶片，可用50%托布津可湿性粉剂
500倍液或50%多菌灵可湿性粉剂600倍液喷洒。花期
有蚜虫危害，用50%灭蚜威200倍液喷杀。生长期还有
蛞蝓和蜗牛等软体动物危害花和叶，用90%敌百虫1000
倍液或50%氯丹乳液200倍液喷杀。

Q 不败指南

Q 为什么花毛茛的花苞蔫了？

花毛茛在开花时需水量很大，如果水不足，先是叶子枯
萎，然后花会从花朵根部折弯下来，造成垂头，没几天
就蔫了。所以，注意换盆时避免伤到根部，要把水浇透
放到光线良好的地方。别直晒，等叶子恢复了再晒。

赠花礼仪

粉红色的花毛茛宜送给爱
人。鲜红色的花毛茛宜赠
做生意的朋友或老板。

► 花谷系列（白瓣黑心）

► 花谷系列（白色带粉红晕）

► 花谷系列（橙色）

► 花谷系列（深红色）

Tulipa gesneriana

郁金香

双鱼座守护花
生肖属牛者的幸运花

别名：旱荷花。

科属：百合科郁金香属。

花期：春季。

花语：我爱你、没有希望的恋情、不灭
的爱、失恋。

喜温暖、湿润、夏季凉爽、稍干燥的环
境。不耐严寒和积水。气温在15~25℃，
鳞茎开始生根；10~14℃时，幼苗展叶；
15~20℃时，花茎生长，花蕾开放。鳞茎
贮藏温度为9℃。

❀选购

盆花要求花茎挺拔，花朵硕大，花色鲜艳、
丰富。可以买一盆多株的，株苗高度一
致，花苞大小整齐。选购切花，以几乎整
个花蕾显色时为宜。鳞茎要求球形，白色、
允实、饱满、清洁，周径在14厘米以上。

⬜选盆 / 换盆

选择直径15厘米深筒盆，每盆栽3个鳞
茎；直径20厘米盆，栽5个鳞茎，栽植深
度2直径厘米。

⚘配土

盆土用泥炭土、培养土和粗沙的混合土，
加少量腐熟鸡粪。

💧浇水 / 光照

生长期盆土保持稍湿润，不要浇水过度。
保证充足光照。

▨施肥

从茎叶伸展至现蕾，施肥2次或3次。

✂ 修剪

花后剪除花朵、留花茎，鳞茎进入休眠期后，选择在晴天将地下鳞茎挖出，去除枯黄叶片。

🌱 繁殖

分株：6月下旬，将休眠鳞茎挖起，按大小分级贮藏，于11月下旬栽种。周长在11~12厘米的为开花种鳞茎。播种：秋季采用室内盆播，覆土0.5厘米，发芽适温为7~9℃。

🧴 病虫害

病害有腐朽菌核病、灰霉病，用50%苯莱特可湿性粉剂2500倍液喷洒。虫害有蚜虫、刺足根螨。蚜虫用40%氧化乐果乳油1000倍液喷杀，刺足根螨用40%三氯杀螨醇乳油1000倍液喷洒。

Q 不败指南

郁金香为什么"耷拉头"？

如果土壤干燥或花所处的环境湿度低，都可能导致"耷拉头"。需及时浇水才行。也可能是光照强晒伤的，但也不可不见光，会影响开花，因此，需尽快移到半阴处散光照射。

赠花礼仪

宜赠送恋人红色、紫色、白色的郁金香，分别代表"我爱你""无尽的爱"和"纯洁的爱"。

"黄绣球"品种

"重瓣小黑人"品种

"国泰民安"品种

Zantedeschia hybrida

彩色
马蹄莲

别名：马蹄莲。

科属：天南星科马蹄莲属。

花期：春夏季。

花语：博爱、圣洁虔诚、永恒。

喜温暖、湿润和阳光充足的环境。不耐寒和干旱，稍耐阴。生长适温为15~25℃，若高于25℃或低于5℃，马蹄莲被迫休眠。

❀选购

选购盆花要求植株挺秀雅致，花苞洁白或彩色，宛如马蹄，叶片翠绿。马蹄莲切花以佛焰苞展开并几乎完全开放、花瓣完整无破损、肉穗花序完整清丽为宜，以保证花瓣色泽展现。购休眠块茎时，要充实、饱满，外皮清洁，无病虫痕迹，块茎周径不小于14厘米，否则难以开花。

选盆 / 换盆

常用直径12~15厘米的盆，每盆栽苗3~5株。每年春季或花后换盆。

配土

盆土用肥沃的水稻土，或肥沃园土、泥炭土和沙的混合土，加入少量腐熟厩肥。

♦浇水 / 光照

马蹄莲喜水，生长期盆土保持湿润，经常向叶面和地面喷雾，保持较高的空气湿度。花后停止浇水，休眠期切忌潮湿，否则块茎容易腐烂。喜阳光充足，稍耐阴，宜摆放在朝东和朝南有纱帘的窗台上或阳台。

🧴 施肥

生长期每2周施肥1次，到开花期停止施肥，勿使肥水流入叶柄内而引起腐烂。

✂ 修剪

花后剪去枯黄的叶片和残花，以利块茎膨大、充实。

🌱 繁殖

分株：5~6月花后老叶逐渐枯萎并长出新叶时，或9月中旬换盆时，将母株周围的小块茎剥下，分级上盆。一般栽植后3个月开花。播种：以室内盆播为主，发芽适温为21~27℃，播后15~20天发芽，实生苗需培育3~4年才能开花。

📋 病虫害

块茎在休眠期或贮藏过程中易发生腐烂病，可用抗菌剂401醋酸溶液1000倍液喷洒块茎表面，晾干后贮藏。虫害有红蜘蛛和蓟马，分别用50%乙酯杀螨醇1000倍液和2.5%溴氰菊酯乳油4000倍液喷杀。

Q 不败指南

马蹄莲买回家后如何摆放养得好？

买回家的盆花摆放在有明亮光照和通风的场所。注意浇水，保持盆土湿润。空气干燥时可向叶面喷雾，开花时不能向花朵上喷淋，否则花瓣易腐烂。同时，盆花或花枝的位置要远离热源或空调。

> 赠花礼仪
>
> 6枝马蹄莲的寓意为"六六大顺"，12枝意为"吉祥如意"。

"绿花"品种

"火烈鸟"品种

"月影"品种

Schlumbergera truncata

蟹爪兰

别名：圣诞仙人掌、圣诞之花。

科属：仙人掌科蟹爪兰属。

花期：冬季。

花语：锦上添花、鸿运当头、运转乾坤。

喜温暖、湿润和半阴的环境。不耐寒，怕强光暴晒和雨淋。生长适温为18~23℃，25℃以上不易形成花芽，冬季不低于5℃。

❀选购

选购蟹爪兰，以株形紧凑，叶深绿色，花蕾多并开始开花者为宜。

选盆／换盆

常用直径12~15厘米的盆，每盆栽苗3~5株。每年春季或花后换盆。

配土

盆栽可用肥沃园土、腐叶土和沙的混合土。

浇水／光照

春季盆土保持干燥。待叶状茎充实，萌发新叶后正常浇水。夏季植株进入半休眠状态，浇水要少，盆土保持稍干燥，每3天或4天向叶状茎喷水。秋季每周浇水2次或3次。进入花期后，土表干燥时即浇水。冬季摆放在阳光充足处，室温保持在10~15℃，有助于延长花期，每周浇水2次，盆土保持湿润。若室内空气干燥，需一周左右用与室温相近的水浇1次，保持土壤稍湿润即可。

施肥

生长期每半月施肥1次，用稀释饼肥水，或用"卉友"15-15-30盆花专用肥。

修剪

换盆时，剪短过长或剪去过密的叶状茎。花后进行疏剪。

▲绯红色花朵　　　　　　▲玫红色花朵　　　　　　▲白色花朵

🌱繁殖

嫁接：5~6月或9~10月进行，砧木用量天尺或梨果仙人掌，接穗选健壮、肥厚的叶状茎2节，下端削成鸭嘴状，用嵌接法；每株砧木可接3个接穗，呈120度；嫁接后放阴凉处，约10天可愈合成活。

扦插：剪取健壮、肥厚的茎节，切下1节或2节，稍晾干，待切口稍干燥后插入沙床，2~3周可生根。

病虫害

常有腐烂病和叶枯病危害，用50%克菌丹800倍液喷洒防治。虫害有介壳虫和红蜘蛛，用氧化乐果乳油1200倍液或50%杀螟松乳油2000倍液喷杀。

Q 不败指南

为什么会出现哑蕾和落蕾现象？

主要是因为在蟹爪兰生长过程中，改变了它的向光位置。蟹爪兰是一种向光性很强的植物，因此在养护过程中，不要频繁改变它的向光位置。另外，如果是盛花期，室内温度忽高忽低或冷风吹袭也会造成落蕾、落花。

> 赠花礼仪
>
> 宜在开业庆典及乔迁贺喜时赠送，以表"财源滚滚"。

丽格秋海棠

Begonia elatior

别名：里格秋海棠。

科属：秋海棠科秋海棠属。

花期：秋末至春季。

花语：亲切、单相思。

喜冬暖夏凉和半阴的环境。不耐寒，怕干旱和高温。生长适温为15~20℃，超过32℃易引起茎叶枯萎和花芽脱落，冬季温度不低于10℃。

🍀选购

盆花要求株形美观，丰满、卵圆、歪心形，紧凑、深绿色，花蕾多并有部分开花者为好。吊盆要求茎叶封盆，四周茎叶稍有下垂、匀称，花蕾多，有一半开花者为宜。

🪴选盆 / 换盆

吊盆栽培用直径15~18厘米的盆。

🐛配土

宜肥沃、富含有机质和排水良好的微酸性沙质壤土，盆土用肥沃园土、腐叶土和粗沙的混合土。

💧浇水 / 光照

刚买回的盆栽，每周浇水1次，生长期每周浇水2次或3次，保持盆土湿润，但不能积水，否则叶色变淡，导致茎部腐烂。如果空气干燥或水分不足，易发生叶尖枯黄和引起落蕾。春季花株正处于室内温度、湿度升高时，必须做好通风换气。冬季盆栽植株进入花期，每周浇水2次。

🔥施肥

生长期每半月施肥1次，用腐熟的饼肥水，花蕾出现时可增施1次或2次磷钾肥，或用"卉友"15-15-30盆花专用肥。夏季高温季节暂停施肥。

✄ 修剪

如果花后不留种，及时摘除残花，花后轻度修剪，每枝花茎保留4节或5节，剪去其上部茎节。苗株盆栽2周后进行摘心，摘心的嫩枝可用于扦插繁殖。

🌱 繁殖

常用播种和扦插繁殖。播种：秋冬和春季室内盆播，种子细小，每克种子约65 000粒，播后不需覆土，发芽适温为16~18℃，播后1~2周发芽，发芽率高，而且整齐，播种至开花要5~6个月。

📦 病虫害

常见有叶斑病、白粉病和灰霉病危害，发病初期用75%百菌清可湿性粉剂800倍液喷洒。虫害有红蜘蛛、蚜虫，发现时用40%氧化乐果乳油2 000倍液喷杀。同时要注意改善栽培环境和通风，降低湿度，减少氮肥施用。

Q 不败指南

为什么丽格秋海棠开过花后，叶片发黄，慢慢就死了？

丽格秋海棠是多年生草本植物，不像球根秋海棠基部有一个肥大的块茎，地上部枯萎后还能从块茎上萌发新芽继续开花。花后管理不到位，往往会导致茎节萎缩，叶片发黄死亡。丽格秋海棠是须根类的，开花后要剪除部分茎节，促使基部新芽萌发才能再开花。

赠花礼仪

丽格秋海棠宜在朋友之间互相赠送，代表了亲切诚恳、真挚的友谊。

尼克斯系列(白色红边)

尼克斯系列(橙粉色)

尼克斯系列(红色)

Narcissus tazetta

黄水仙

摩羯座守护花

别名：中国水仙、凌波仙子。

科属：石蒜科水仙属。

花期：冬春季。

花语：神秘、敬爱、爱的回答。

喜温暖、湿润和阳光充足的环境。不耐寒、喜半阴、怕高温。生长适温为 10~20℃，冬季不低于 -5℃，否则易发生冻害。

❀选购

选购黄水仙时，要求造型好，叶片矮壮、肥厚、深绿色；花茎粗壮，以花初开为好。鳞茎要求充实、饱满，外皮褐色，周径30厘米以上，抽出花茎多、开花多。切花以花瓣显色但未开放时为宜。

▽选盆 / 换盆

盆栽常用直径20厘米的盆，每盆栽鳞茎3个。水培可用玻璃专用器皿。

☙配土

盆栽可用园土和粗沙的混合土。若是水培，需用潮湿砻糠灰或蛭石略加覆盖，放暗处生根。

▲浇水 / 光照

春季生长期盆土保持湿润，水培需每天换水。空气干燥时，可适当向叶面喷雾。摆放在阳光充足处，光照时间不少于6小时，注意通风。夏季养护盆栽水仙时，盆土不干不浇水，一旦浇水就要浇透，以早晚为宜。秋季控制浇水量，盆土保持湿润，但不能过湿或积水。冬季保证充足光照，室温不低于 -5℃，否则易发生冻害。忌向花朵上喷淋，以免造成花瓣腐烂。

▨施肥

一般不用施肥或加营养液。生产种鳞茎，除施足基肥外，生长期每半月施肥1次，鳞茎膨大期加施磷钾肥1次或2次。

✂ 修剪

修剪徒长、过长的叶片，最好用锋利的剪刀将叶子修剪到20～25厘米。

🌱 繁殖

分株：种鳞茎两侧着生子鳞茎，仅基部相连。秋季将子鳞茎剥下可直接栽种，翌年长成新鳞茎。水培：最好在霜降前鳞茎处于休眠期或清明后进行，选择已生根的健壮鳞茎，放在浅盆中水养。一般室温为12~20℃时，4~5周可开花。

🧴 病虫害

常见青霉病、冠腐病和叶斑病，发病初期用25%多菌灵可湿性粉剂800倍液喷洒。有刺足根螨危害时，要在种植前将它彻底消灭，因为其繁殖快，危害期长。较为有效方法是用40%三氯杀螨醇1000倍液或50%苯菌灵可湿性粉剂500倍液浸泡鳞茎半小时。

Q 不败指南

Q 为什么黄水仙会"垂头"？

黄水仙喜阳光，白天花盆要放置在向阳处，保证充足光照，但温度不能超过25℃，否则植株会停止生长，造成花苞干瘪、茎叶萎缩，还有"垂头"现象。

> **赠花礼仪**
>
> 宜与牡丹、杜鹃花组合赠亲友，寓意"愿你永远幸福、吉祥如意"。

▶『爱因斯坦教授』品种

▶『冰清玉洁』品种

▶『塔希提』品种

▶『二月金黄』品种

151

第四章

多肉放阳台更易养

Aloe vera

芦荟

别名：油葱、龙角、象鼻莲。

科属：百合科芦荟属。

花期：夏季。

花语：不受干扰、洁身自爱。

喜温暖、干燥和阳光充足的环境。不耐寒，耐干旱和半阴。生长适温为15~22℃，冬季不低于5℃。

❀选购

选购盆栽芦荟，以株形粗壮整齐，叶片肥厚、饱满，叶色青翠有光泽为宜。

选盆 / 换盆

常用直径12~15厘米的盆，每盆栽苗1株。每年春季换盆。

配土

盆栽可选腐叶土、培养土和沙的混合土，加少量骨粉和石灰质土壤。

浇水 / 光照

春季生长旺盛期，盆土保持稍湿润，每周浇水1次。夏季盆土保持干燥，每月浇水1次或2次。秋季空气干燥时，可向叶面喷水，盆土不要过湿。冬季盆土保持干燥，放阳光充足处越冬，室温不低于5℃。

施肥

每半月施肥1次，可用"卉友"15-15-30盆花专用肥。

修剪

换盆时，剪除过长须根，植株长高时注意扶正。开花后将花茎从基部剪除。

🌱 繁殖

分株：3~4月换盆时进行分株，将母株周围密生的幼株分开盆栽。若幼株带根少或无根，可先插于沙床，生根后再盆栽。分栽的幼株切忌栽植过深，以基部叶与盆土齐平即可。同时，栽植的幼株要居中，并将周围土壤轻压一下。栽好后适度浇水。扦插：初夏花后进行，剪取顶端短茎，长10~15厘米，待剪口晾干，1周后再插入沙床，浇水不宜多，沙床保持稍湿润即可，2~3周后生根。

🧴 病虫害

常见有炭疽病和灰霉病危害，用10%抗菌剂401醋酸溶液1000倍液喷洒。如室内通风差，易受介壳虫危害，可用40%氧化乐果乳油1000倍液喷杀。

Q 不败指南

芦荟在冬季腐烂了是什么原因？

在0℃以下，芦荟全株会受冻，发生腐烂死亡。因为芦荟不耐寒，怕潮湿，冬季温度不应低于5℃。切忌苗株栽植过深、浇水过多和休眠期空气湿度过大。刚栽植的幼株忌高温和水淋。

"黑魔殿"品种

> 赠花礼仪
>
> 不要向孕妇和对芦荟过敏者赠送。

"海螺"品种

"不夜城锦"品种

Cotyledon tomentosa

熊童子

别名：毛叶银波锦、绿熊。

科属：景天科银波锦属。

花期：春秋季。

花语：青春活泼。

喜温暖、干燥和阳光充足的环境。不耐寒，夏季需凉爽，耐干旱，怕水湿和强光暴晒。生长适温为18~24℃，冬季不低于10℃。

❀ 选购

盆栽要矮壮、分枝多，茎圆柱形，灰褐色，叶片卵球形、肉质、灰绿色，表面密生细短毛，宛如熊掌，无缺损。

⊽ 选盆 / 换盆

盆栽用直径12~15厘米的盆。每年春季换盆。

﹃ 配土

盆土用腐叶土、培养土和粗沙的混合土，加少量骨粉、盆花专用肥。

♦ 浇水 / 光照

春秋季保持阳光充足，通风良好，不需多浇水，保持盆土稍湿润。夏季减少浇水，忌雨淋，适当遮阴，切忌向叶面喷水，若叶片沾水，需用卫生纸轻轻吸干，放通风处散湿。盆土过湿可能会导致烂根落叶。冬季进入休眠期，盆土保持干燥，摆放在温暖、阳光充足处越冬。

⊡ 施肥

每月施肥1次，用稀释饼肥水，或用"卉友"15-15-30盆花专用肥。

✂ 修剪

株高15厘米时需摘心，促使分枝。植株生长过高时需修剪，压低株形，4~5年后需重新扦插更新。

🌱 繁殖

扦插：以早春和深秋进行为好，剪取充实顶端枝条，长5~7厘米，叶片6片或7片，插于沙床，室温在18~22℃，插后14~21天生根。用枝条扦插成活率高，成型快。也可用单叶扦插，成活率高，但成型稍慢。

🗊 病虫害

有叶斑病和锈病危害，可用20%三唑酮乳油1000倍液喷洒防治。虫害有粉虱，可用40%氧化乐果乳油1000倍液喷杀。

Q 不败指南

熊童子的茎节伸长是什么原因？

如果熊童子在生长期光照不足，肥水过多，就会引起茎节伸长。因为熊童子喜阳光充足的环境，春秋季生长期盆土需保持湿润，摆放在阳光充足处。盛夏高温时适当遮阴。熊童子喜肥，但也不能过度施肥，只需每月施肥1次，避免肥水过多。

赠花礼仪

熊童子毛茸茸的叶片像极了熊爪子，新奇可爱，适合赠予年轻朋友。

熊童子开花

熊童子的黄斑病可采用50%克菌丹进行800倍稀释后喷洒防治

Haworthia cooperi
玉露

别名：绿玉杯。

科属：百合科十二卷属。

花期：春季。

花语：顽强的意志。

喜温暖、干燥和阳光充足的环境。不耐寒，怕高温和强光，不耐水湿。生长适温为18~22℃，冬季不低于5℃。

❀选购

选购玉露时，要求株形健壮、端正、饱满、呈莲座状，株幅在10厘米左右；叶片多、肥厚，浅绿色、深绿色脉纹明显；透明，无缺损，无焦斑，无病虫危害。

▽选盆 / 换盆

常用直径12~15厘米的盆。每年春季的时候换盆。

◟配土

盆栽玉露适宜生长于含有石灰质的粗颗粒度的肥沃沙质壤土中。常用泥炭土、培养土和粗沙的混合土，加少量骨粉。

◌浇水 / 光照

春季生长期盆土保持稍湿润，每周浇水1次，遵循"干则浇，浇则透"的原则。摆放在阳光充足的地方，保证光照。盛夏高温时，植株进入休眠状态，如果频繁浇水，易造成盆土过湿、茎叶徒长，还会导致基部叶片发黄腐烂，严重时甚至整株死亡。此时应减少浇水次数，尤其硬质叶品种，盆土保持稍干燥，有利于过夏。还要注意遮阴、及时通风。秋季天气转凉，叶片恢复生长，盆土保持稍湿润，每周浇水1次。空气干燥时，向植株及周围喷雾增湿，使其慢慢恢复。冬季室温不低于5℃，保持阳光充足，严格控制浇水。

🗄️ 施肥

生长期每月施肥1次，用稀释饼肥水，或用"卉友"15-15-30盆花专用肥。防止水肥淋入叶片基部，弱株不要施肥。

✂️ 修剪

春季换盆时，清理叶盘下萎缩的枯叶，并把老化、中空、过长的根系及时清除。烂根部分蘸多菌灵后，晾干重新上盆养护。为了避免消耗过多养分，开花时可将花葶剪除，这样可避免残花梗留在叶间影响生长。

🌱 繁殖

播种：春季采用室内盆播，发芽适温为21~24℃，播后2周发芽。因为玉露根系较浅，盆栽时宜浅不宜深。分株：全年均可进行，常在春季4~5月结合换盆进行，把母株周围幼株分离，直接盆栽即可。刚栽时浇水不要过多，以免引起腐烂。扦插：在5~6月进行，以叶插为主。将叶片剪下，稍干燥后扦插。

📋 病虫害

有时发生叶腐病危害，发病初期用50%多菌灵可湿性粉剂1500倍液喷洒。虫害有粉虱危害，可用10%除虫精乳油3000倍液喷洒。

Q 不败指南

如何让玉露看起来更加水灵？

为了让玉露更加水灵，顶部更加透明，可选择用透明塑料瓶闷养的方式，即先将植株套起来，形成一个空气湿润的小环境，放阳光散射处养护，从而使玉露的生长更加旺盛，叶片晶莹剔透。需要注意：一是塑料瓶空间要稍大；二是夏季高温季节要拿掉塑料瓶，以免闷死植株。

▶『帝王』品种

▶『红颜』品种

▶『宫灯』品种

▶『霓虹灯』品种

Echeveria derenbergii

静夜

别名：无。

科属：景天科拟石莲花属。

花期：春秋季。

花语：坚强、坚固的爱。

喜凉爽、干燥和阳光充足的环境。耐寒、耐旱，但对光照需求较多，高温的夏季会休眠。生长适温为18~25℃，冬季不低于5℃。

❀ 选购

选购静夜时，要求体型较小，颜色清新。叶片表面有一层薄薄的白霜，呈莲座状紧密排列，无缺损，无焦斑，无病虫危害。

▽ 选盆 / 换盆

常用直径12~15厘米的盆。每年春季的时候换盆。

⌇ 配土

盆土用肥沃园土，其土壤透气性和透水性都比较好的。

◊ 浇水 / 光照

静夜的浇水间隔可以相对短一些，但每次浇水量要少，切忌大水。浇水如果不小心浇到叶心，应用气吹吹干或者用卫生纸吸干，以免叶心积水腐烂。尽量在充足的散射光下养护，不要暴晒，暴晒很可能会直接晒死。

▨ 施肥

生长期每周施肥1次。休眠期可每月施肥1次。

✂ 修剪

在生长的过程中，需要及时修剪根部。先从盆中取出，然后对靠近根部的叶片进行处理，将其露出微红快发黑的部分剪掉，重新配置新的盆土，给根部、盆土用多菌灵消毒处理，晾干后植株重新上盆养护。

🌱 繁殖

叶插比较容易成活，但小苗养护不易，砍头繁殖更容易长大。

🧴 病虫害

主要是叶斑病，导致叶子上出现许多斑点，最后干枯、掉落。可用75%百菌清1000倍液喷杀。蚜虫、红蜘蛛等虫害的出现概率较大，可使用40%氧化乐果乳油1000倍液防治。

Q 不败指南

为什么静夜株型会松散呢？

春秋两季，充足的阳光可以使植株紧凑，颜色也更加鲜亮，避免因光照不足而株型松散，色泽暗淡。经常保持盆栽土壤湿润而不积水，以防烂根，但空气湿度可稍大些。

养花有益

静夜株形小巧秀丽，宛如一个带红尖的"小包子"，制成拇指盆栽后摆放在茶几、书桌上，赏心悦目，能舒缓心情。

初夏的静夜

冬季的静夜

Graptopetalum paraguayense 'Bronze'

姬胧月

别名：姬胧月锦、粉莲、宝石花。

科属：景天科风车草属。

花期：春季。

花语：坚韧、完美。

喜温暖、干燥和阳光充足的环境。不耐寒，怕高温和强光，不耐水湿。生长适温为18~20℃，冬季不低于10℃。

❀ 选购

应挑选叶片匙形至卵状披针形，被有白霜，呈莲座状的，平时绿色，日照充足时叶色朱红带褐色，叶呈瓜子形，叶先端较尖的。无缺损，无焦斑，无病虫危害。

▽ 选盆 / 换盆

姬胧月是小型植株，每2~4年换盆1次，盆径可以比株径大3~6厘米，这样可促进植株成长。

⚘ 配土

将园林土、沙土、珍珠岩按照1：1：2比例配制混合使用，应选择透水、透气性好的土壤。

۵ 浇水 / 光照

春秋季浇水不宜太勤，否则会让茎秆徒长，同时注意浇水时水不能浇到叶面，否则留下难看的斑痕，也不要让盆土积水。生长期需要充足光照，但夏季中午需要遮阴。

▣ 施肥

生长季节每20天左右施1次腐熟的稀薄液肥或低氮高磷钾的复合肥，施肥时不要将肥水溅到叶片上。

⋀ 修剪

为了能减少养分的消耗，可把萌发的侧株剪掉。底部的叶片太稠密时，可以摘掉一些，能使株型更加美观。

🌱 繁殖

繁殖速度超快，特别是叶插，成功率几乎在100%，是新手叶插入门的首选品种。也可以扦插。不过多年的老株别有一番情调，枝干木质化后可将底部叶片拔掉用于叶插，剩下的老株用于单株塑型。

📋 病虫害

有时发生叶腐病危害，发病初期用50%多菌灵可湿性粉剂1500倍液喷洒。虫害有粉虱危害，可用10%除虫精乳油3000倍液喷洒。

Q 不败指南

姬胧月的叶片为什么发黑？

春秋季浇水不要太勤，否则会让茎秆徒长，同时注意浇水时水不能浇到叶面，否则会留下难看的斑痕。0℃以下要断水，否则根系容易冻伤，使得叶片发黑。

深秋的姬胧月

养花有益

姬胧月盆栽可放置于电视、电脑旁，亦可栽植于室内以吸收甲醛等物质，净化空气。

冬季的姬胧月

Opuntia stricta (Haw.) Haw. var. Dillenii (Ker-Gawl.) Benson

仙人掌

别名：霸王树。

科属：仙人掌科仙人掌属。

花期：春季至秋季。

花语：热心、热情、坚强。

喜温暖、干燥和阳光充足的环境。较耐寒，耐半阴和干旱，怕水湿。生长适温为18~27℃，冬季温度不低于5℃。

❀选购

选购盆栽植株，要求植株圆柱状，多分枝，直立，不倾斜，无老化症状。嫩茎扁平，倒卵形，鲜绿色，刺黄色且密集无缺损，无病虫危害。

🪴选盆 / 换盆

用直径15~20厘米的盆。每2~3年换盆1次。

🌱配土

盆土用肥沃园土和粗沙的混合土，加少量腐叶土。

💧浇水 / 光照

春季至秋季每月浇水1次，盆土保持稍湿润，浇水时不要将茎片淋湿，还要防止大雨冲淋。冬季不需浇水。保持充足光照。

🧴施肥

生长期每月施肥1次，或用"卉友"15-15-30盆花专用肥。

✂修剪

生长过程中，将重叠、不正和影响株形的茎片剪除，用于扦插繁殖。

繁殖

扦插：扦插时间除了冬季皆可。把茎片从母株上切下后，先放在半阴通风处晾5~7天，等切口干燥、皮层略向内收缩、生成一层薄膜时，再进行扦插，插穗长度在10厘米，插深3厘米。插入消毒过的沙土里，几天后浇水，浇水时稍湿润即可，以防止插穗腐烂，仙人掌一般扦插20天后生根。

病虫害

仙人掌常见的虫害有红蜘蛛和蚜虫。红蜘蛛可用50%敌敌畏乳油800~1000倍液喷杀，每周1次,2次或3次即可防治。蚜虫可用大葱切碎后加30倍水浸泡24小时,滤渣后喷杀,1天喷2次,5天见效。

Q 不败指南

仙人掌怎么养才能又大又肥?

仙人掌需要合理安排浇水，浇水后土壤稍湿润即可。仙人掌对阳光的需求非常高，要保证每天有充足的光照。在施肥时，要适当地进行松土处理，让肥料更容易被吸收。还要注意温度低的时候对仙人掌进行遮盖保温。

养花有益

仙人掌进行光合作用，吸入二氧化碳，释放出氧气，同时吸附灰尘，因此可以起到净化空气的作用。

金琥仙人球

仙人掌开花

Lithops spp.
生石花

别名：石头花。

科属：番杏科生石花属。

花期：秋季。

花语：顽强。

喜温暖、干燥和阳光充足的环境。耐旱和半阴，怕水湿、高温和强光。生长适温为15~25℃，冬季温度不低于12℃。

❀选购

选购生石花时，要求植株球果形，充实、饱满，株幅不小于1厘米；有一对连在一起的肉质叶，顶端平坦。

▽选盆 / 换盆

常用直径10~20厘米的盆，每盆栽苗3~5株。每2年换盆1次。

ᔔ配土

盆栽可用腐叶土、培养土和粗沙的混合土，加少量盆花专用肥。

◊浇水 / 光照

春季进入生长期，出现蜕皮，长出球状叶时，严格控制浇水，盆土保持湿润即可。夏季新的球状叶越长越厚，始终保持2片。高温强光时适当遮阴，进入休眠期，减少浇水。初秋天气开始转凉，每2周浇水1次，盆土保持稍湿润。冬季盆土保持干燥，摆放在温暖、阳光充足处。

▨施肥

生长期每半月施肥1次，用稀释饼肥水，或用"卉友"15-15-30盆花专用肥。夏季高温休眠期停止施肥。

▲"露美玉"品种　　　▲"生石花"品种开花　　▲"大津绘"品种开花

✂ 修剪

换盆时，清理萎缩的枯叶。

🌱 繁殖

播种：4~5月采用室内盆播，种子细小，发芽适温为20~22℃，播后7~10天发芽。实生苗需2~3年才能开花，一般会在秋季从卵石般的叶片中间开出美丽花朵，其花可把整个植株覆盖起来，甚为奇特。

扦插：生长期常用充实的球状叶，但必须带基部，稍晾干后插入沙床，20~25天可生根，待长出新球状叶后再移栽。

🧴 病虫害

主要发生叶斑病和叶腐病危害，发病初期用70%代森锰锌可湿性粉剂600倍液喷洒。虫害有蚂蚁和根结线虫，常用套盆隔水养护、换土，来减少虫害。

Q 不败指南

生石花在蜕皮期徒长了怎么办？

一般出现这种情况是因为盆土水分过多，光照不够充分以及通风不畅。春季是生石花的生长期，当其开始蜕皮时，应加强光照和通风，减少浇水量和次数，否则生石花不仅会徒长，一不小心还会"仙去"。

Graptopetalum amethystinum

桃蛋

别名：桃之卵。

科属：景天科风车草属。

花期：春秋冬季。

花语：倾慕、坚强。

喜温暖、干燥和阳光充足的环境。耐旱，不耐寒，低于5℃需要移至室内向阳处养护。

选购

选购桃蛋要叶片肥厚圆润，无叶尖，表面被白霜，有蜡质光泽的。桃蛋状态特别好的叶片非常短，近乎球形，也就是所谓的"丸叶桃蛋"。

选盆 / 换盆

常用直径7~10厘米的盆。给桃蛋换盆，最好是在春季或者秋季，这两个季节的温度适宜，同时也是桃蛋的生长期。这时候桃蛋更容易适应，对生长的影响也最小。

配土

盆土可用腐殖土、园土等营养土。

浇水 / 光照

春秋生长季可不用控水，大水浇灌，但要保证土壤透水、透气。夏季高温需要注意浇水量。桃蛋长成老桩后，浇水量要少，木质化的枝干特别不耐水湿。要注意夏天遮阴，太强烈的日照会直接将小苗晒死。

施肥

每2个月施入氮肥含量低的液肥。

修剪

砍头后容易长侧枝，不砍头一直养，植株的老杆会长很长，然后才开始分枝。长得差不多的时候就应该砍头萌发侧芽，这样植株群生了才美观。

🌱 繁殖

春秋季可以掰下健康的叶片叶插，非常容易出根出芽；小苗养护要经常喷雾，保持土壤湿润。

🧴 病虫害

常见的病害是根腐病，发现时要尽快将植株从盆中取出，剪掉已经腐烂的部分，伤口处要消毒处理。还要更换新土，避免再次感染。常见的虫害就是介壳虫，直接将成虫刷掉就行。另外，后期一定要改变管理方法，多通风，少浇水。

不败指南

Q 桃蛋颜色变成绿色怎么办？

桃蛋适合生长在光照充足的环境中，缺光照就会导致植株无法维持叶片的红色。在后期养护时，可以将桃蛋放在向阳的环境中，以及为桃蛋补充富含磷钾元素的肥料。

养花有益

桃蛋摆放在电视、电脑旁，可在一定程度上吸收辐射，维护人们的身体健康。

桃美人酷似桃蛋，但其叶子轮生，单个叶子为倒卵形，叶尖有小尖

丸叶桃蛋

Aeonium aureum
山地玫瑰

别名：高山玫瑰、山玫瑰。

科属：景天科莲花掌属。

花期：春秋季。

花语：永不凋谢的爱和美。

喜凉爽、干燥和阳光充足的环境。耐干旱和半阴，怕积水和闷热潮湿，具有高温季节休眠、冷凉季节生长的习性。冬季不低于5℃。

❀选购

选购长卵圆形至近球形，呈莲座状紧密排列，浅绿色至深绿色的植株为宜。

▽选盆 / 换盆

常用直径12~15厘米的盆，如果山地玫瑰生长的时间比较久，部分根系可能已经长得很杂乱了，需要在换盆的时候重新修剪一下。在花盆底部垫上一点土壤，将山地玫瑰放在新的花盆中，然后再慢慢地封土。

🐛配土

盆土要求疏松、透气，具有一定的颗粒性。一般用少量草炭或泥炭土掺蛭石、珍珠岩或其他颗粒性材料种植。

⚬浇水 / 光照

春季露养每天要保证10小时左右的光照时间，浇水要循序渐进。夏季高温进入休眠期，外围叶子会枯萎，中心叶子萎缩呈玫瑰状。休眠期应加强通风、控制浇水；同时要采取遮阴、避雨措施，以免引起植株腐烂。

▨施肥

秋季生长旺盛，每月施薄肥1次。

⚔修剪

开花后较为常见的处理方法是直接从根部剪除花箭，这样可以避免山地玫瑰在开花后就出现死亡的情况。

▲多头状山地玫瑰　　　　▲紧抱的山地玫瑰　　　　▲休眠的山地玫瑰

繁殖

扦插：首先准备土壤，再将取下来的侧芽晾晒3~5天，并在伤口处涂上多菌灵。等待伤口干燥后直接栽种。

病虫害

山地玫瑰的病虫害相较其他植物较少，主要为虫害根粉蚧。如果遭遇了此类虫害，建议将国光束蚧按1：3000的比例稀释，同时配以阿维菌素以1：2000的比例稀释，最后对植株进行灌根或浸盆处理。

不败指南

Q　山地玫瑰叶片打开是怎么回事？

山地玫瑰的叶片老化衰败，无法适应环境的变化，就会打开，这些叶片在生长的过程中会自然脱落。在初夏温度不高时，可以将这些叶片直接修剪掉，不会分散养分的同时也可让山地玫瑰的株型更加美观。

赠花礼仪

宜在七夕节赠送恋人，外形酷似一朵含苞欲放的玫瑰，清丽雅致的气质，表达"永不凋谢的爱"。

第五章

吉祥喜庆的观果植物

Fortunella margarita

金橘

别名：罗浮、金枣。

科属：芸香科金柑属。

果期：秋冬季。

花语：大吉大利。

喜温暖、湿润和阳光充足的环境。不耐寒，耐干旱，稍耐阴。生长适温为20~25℃，冬季不低于7℃，低于0℃则容易受冻害。地栽金橘可耐-2℃低温。

❀ 选购

金橘在盆中有较好姿态，以果大色艳、大小一致和分布均匀者为宜。如果盆土疏松、较新，表面无青苔或杂草说明是刚盆栽的，最好不要购买，容易落叶落果，欣赏期短。

▽ 选盆 / 换盆

盆栽常用直径20~25厘米的盆，每2年换盆1次。观果后，早春摘除全部果实并换盆，且加入新鲜、肥沃土壤。

🐛 配土

盆土可用肥沃园土、腐叶土或泥炭土和河沙的混合土。

💧 浇水 / 光照

金橘喜湿润，充足的水分有利于枝条的生长和果实的发育，但不能积水。观果期盆土时干时湿会造成提前落果。春季盆土保持不干为宜，适度光照。夏季生长期控制浇水，适度干旱(即"扣水")。待腋芽膨大转白时，再正常浇水。盆土不要过湿。秋季经常向叶片和四周喷雾，增加空气湿度。冬季盆土偏干为宜，需充足光照。

🧺 施肥

萌芽抽枝时，每半月施肥1次。夏末秋初花前施足肥。果实珠子大时，每10天施肥1次，多施速效磷钾肥。每次修剪和摘心后及时施肥，果实黄熟时停止施肥。

✂ 修剪

在春梢萌发前修剪，保留3个健壮枝条，枝条基部留3个或4个饱满芽，待长成20厘米时摘心。新梢长出5片或6片叶时再摘心，促发夏梢结果枝，及时剪除秋梢。

🌱 繁殖

主要采用嫁接繁殖。嫁接时通常选用枸橘、酸橙或金橘的实生苗作砧木，采用靠接、枝接或芽接法。靠接在6月进行，枝接在3~4月进行，芽接在6~9月进行。砧木需要提前1年栽植，也可用地栽砧木，嫁接成活后翌年萌芽前可上盆，多带宿土。金橘播种实生苗后代多变异，品种易退化，结果晚，一般不采用播种繁殖。

病虫害

常有溃疡病和疮痂病危害，可用波尔多液喷洒防治，发病初期用70%甲基托布津可湿性粉剂1000倍液喷洒。虫害有红蜘蛛、蚜虫和介壳虫，发生时用40%氧化乐果乳油1500倍液喷杀。

赠花礼仪

金橘的"橘"与南方的"吉"谐音。可以赠亲朋好友，春节期间摆放在家中，寓意"招财进宝，来年发财致富"。盆栽的金橘都无毒可食，但是没有大棚种植的口感好。

Q 不败指南

怎样才能使金橘年年结果？

想要提高金橘坐果率，让其年年结果，需要做到春季修剪整形，初夏扣水促使花芽分化，花期人工辅助授粉，合理、科学施肥，适度浇水，防止盆土时干时湿、盆土积水、温度剧变和强光暴晒等。

"金豆"品种

"金弹"品种

Citrus medica L. var. sarcodactylis Swingle

佛手

别名：佛手柑、五指橘。

科属：芸香科柑桔属。

果期：冬季。

花语：多福多寿。

喜温暖、湿润和阳光充足的环境。不耐寒，不耐阴，怕烈日暴晒和积水。生长适温为22~28℃，低于4℃易受冻害。夏季高温会导致落叶。结果佛手冬季放室内，以5~12℃为宜。

❀选购

选购盆栽佛手要有较好的造型，叶片深绿，果实完整、色黄，香味浓郁者为好。

选盆 / 换盆

盆栽常用直径30厘米的盆，每2年换盆1次，在早春进行，并打头除芽，添加新土。

配土

盆土可用肥沃园土、腐叶土和沙的混合土。

浇水 / 光照

佛手对水分比较敏感，既怕干又怕涝，要"不干不浇，浇则浇透"。夏季高温干旱时不能断水，冬季则以稍干为宜。生长期保持盆土湿润，叶面多喷雾，挂果期要控制浇水，不要盆内积水，否则会导致落叶或落果。

施肥

盆栽当年不施肥，第2年每半月施肥1次，第3年开始现蕾应停止施肥，坐果后每周施肥1次。

✄ 修剪

佛手1年开花多次，重疏春花，多留夏花夏果，适当疏花可提高坐果率，每枝仅留1个果，其余摘除。每年春季萌发前，剪除徒长枝、密枝和弱枝，保留短枝。夏季进行造型、疏剪，保证枝条分布均匀。秋季留好秋梢，作为翌年结果枝。

🌱 繁殖

扦插：以6~7月为宜，从健壮母株上剪取上年的春梢或秋梢作插穗，长10~12厘米，保留4个或5个芽。插入沙床，30~35天生根，60~70天发芽，发芽后可分栽。嫁接：3~4月进行，砧木用香橼、柠檬或枸橘，选取6~8厘米长的1~2年生嫩枝作接穗，保留2个或3个芽，去叶留柄，采用切接，保持湿润，接后40~50天，接穗就能抽出嫩枝。

🧴 病虫害

密集的枝梢常发生煤污病危害，可用波尔多液或0.2度波美石硫合剂喷洒。虫害有蚜虫和介壳虫，发生时可用40%氧化乐果乳油1000倍液喷杀。

Q 不败指南

怎样才能使佛手叶繁茂、果形美？

首先在佛手生长过程中，要防止黄叶和落叶，室温不能低于8℃或超过35℃；盆上不能时干时湿，用酸性土。开花结果过程中要及时疏花疏果，最后做到1枝留1果。孕蕾时用磷酸二氢钾喷洒叶面1次或2次，促进果实发育。

养花有益

佛手茶：取鲜佛手30克，用开水冲泡饮用，有助于疏肝理气。也可常用佛手、橘皮各9克，泡水代茶饮。

"开佛手"品种

"拳佛手"品种

Pyracantha fortuneana (Maxim.) Li

火棘

别名：红果。

科属：蔷薇科火棘属。

果期：春夏季。

花语：吉祥、财源滚滚。

喜温暖、湿润和阳光充足的环境。耐寒、耐旱能力强，萌芽力亦强，耐修剪，稍耐阴。生长适温为15~25℃，冬季可耐−15℃低温。

❀选购

盆栽植株，要求树姿优美，株丛密集，叶片繁茂、深绿色。植株挂果多，果实饱满、色彩鲜艳，无病虫和轻摇之不落果为好。

选盆 / 换盆

常用直径15~25厘米的盆。每2~3年换盆1次。

配土

盆土可用培养土和沙的混合土。

浇水 / 光照

生长期盆土保持湿润。忌干旱和积水，可多喷雾，保持较高的空气湿度。冬季少浇水，需充足光照。

施肥

生长期每月施肥1次，或用"卉友"20-20-20通用肥。开花前，可喷施1次或2次0.2%磷酸二氢钾液肥，有利于开花结果。

修剪

火棘萌发力强，成年植株易抽出强生枝，需疏剪或短截。平时剪除萌蘖枝、细弱枝。

🌱 繁殖

播种：秋季采种，冬季沙藏，春季播种。发芽适温为20~22℃，播后30~50天发芽，秋季苗高20~25厘米时翌年春季可移栽。起苗时要深挖，多留须根。扦插：2~3月用休眠枝，5~6月用半成熟枝扦插。插穗长8~10厘米，带踵，留叶数片，插后25天生根。翌年春季带土移栽，移栽时枝梢可重剪。

🌡 病虫害

常有叶斑病和角斑病，可用50%退菌特可湿性粉剂1000倍液喷洒。虫害有蚜虫和叶蜂，用50%杀螟松乳油1000倍液喷杀。

Q 不败指南

怎样才能使火棘不落花、不落果？

首先要培育健壮的植株，苗期可偏重氮素的使用，尽量使植株的树冠丰满。成年植株应多施磷钾肥，促进孕蕾、开花、结果。期间要控制好盆土的湿度，以免太湿或太干，导致落花、落果。

赠花礼仪

火棘宜赠亲朋好友，祝他们"财源滚滚"。注意不要送无果的盆景和果枝。

"黄果"品种

"红果"品种

石榴

Punica granatum

别名：安石榴。

科属：石榴科石榴属。

果期：秋冬季。

花语：多子多福。

喜干燥和阳光充足的环境。耐寒性强，耐干旱，怕水涝。生长适温为10~25℃，冬季能耐−15℃低温。

❀选购

选购盆栽石榴或盆景，以株形紧凑，株叶繁茂，深绿色，造型好，花蕾多并开始开花者为好。庭园栽植的苗株不宜过大，株高1.5~1.8米为好，树冠开展，分枝多，枝条分布匀称，无病虫。

🪴选盆 / 换盆

常用直径30~40厘米的盆。秋季落叶后和春季萌芽前进行换盆。

🐛配土

盆土以肥沃、疏松和排水良好的沙质壤土为宜。可用园土、培养土和沙的混合土，加少量腐熟饼肥。

💧浇水 / 光照

春季盆土保持稍湿润，需充足光照。夏季避免淋雨，防止盆土积水，控制浇水量。秋季保持光照充足，盆土不宜过湿。冬季室温保持在3~5℃，每月浇水1次。

🧴施肥

每月施肥1次，用腐熟饼肥水。冬季停止施肥。

✂修剪

生长期及时摘心，控制营养枝生长，促进花芽形成。盆株每年摘2次老叶，并剪去新梢。

▲ 紫皮石榴　　　　　　　▲ 红皮石榴　　　　　　▲ 白皮石榴

🌱 繁殖

扦插：春季选2年生枝或夏季用半成熟枝扦插，长10~12厘米，插后2~3周生根。分株：早春4月芽萌动时，选取健壮根蘖苗分栽。压条：芽萌动前将根部分蘖枝埋入土中，夏季生根后割离母株，秋季即可成苗。

病虫害

常发生叶枯病和灰霉病危害，用70%甲基托布津可湿性粉剂1000倍液喷洒。虫害有刺蛾、蚜虫和介壳虫，用50%杀螟松乳油1000倍液喷杀。

Q 不败指南

石榴结果少是什么原因？

石榴如果光照不足，就会开花不旺、结果也少。石榴耐干旱，不耐水湿，果实成熟期遇雨水过多，易引起裂果和落果。过度盐渍化和沼泽化的土壤，也会影响结果。

赠花礼仪

宜赠新婚夫妇，寓意"早生贵子"。石榴与银杏、菖蒲的组合宜赠长辈、老人，意为"祝愿健康长寿，儿孙满堂"。

Nandina domestica

南天竹

别名：天竺。

科属：小檗科南天竹属。

果期：秋季。

花语：长寿、红果累累。

喜温暖、湿润和半阴的环境。不耐严寒，怕强光和干旱，不耐水湿。生长适温为15~25℃，冬季能耐-5℃低温，-5℃以下枝叶易受冻害。

❀选购

购买盆栽植株，要求树姿优美，株丛密集，枝叶繁茂、匀称，叶片深绿，冬季红色或紫红色；植株花枝多，花序挂果多，果实饱满，色彩鲜艳，无病虫和轻摇之不落者为好。选购盆景，要求姿态优美，根干奇曲，枝叶稠密，果实鲜红圆滑。盆土新鲜、疏松的不要买。

选盆 / 换盆

常用直径20~25厘米的盆。每2年换盆1次，在春季进行。

配土

盆土宜用培养土、泥炭土和沙的混合土。

浇水 / 光照

盆土保持稍湿润，盛夏叶面多喷雾，增加空气湿度。果期不要浇水过多。春季光照比较适宜，可以放室外养殖。夏季阳光强烈，需要及时遮阴、通风。冬季要移至室内阳光充足处。

施肥

生长期每月施肥1次，用腐熟饼肥水，或用"卉友"20-20-20通用肥。秋季停止施肥。

修剪

每年落果后剪去干花序。秋后可齐地疏剪或剪去树干。

🌱 繁殖

播种：11月采种后即播，播后露地过冬，翌年春季4月发芽。幼苗需遮阴养护。分株：早春或秋季均可进行。将株丛密集的母株从根部分开，并在泥浆中浸沾后栽植。扦插：在梅雨季节进行。剪取1~2年生枝条，长15~20厘米，插入沙床，插后40~50天生根。

🧴 病虫害

常发生锈病、叶斑病和炭疽病，可用70%代森锰锌可湿性粉剂600倍液喷洒。虫害有夜蛾、介壳虫和蚜虫，用50%杀螟松乳油1500倍液喷杀。

Q 不败指南

怎样才能使南天竹多结果？

首先要培育健壮的植株，老株必须分株更新。开花时盆株避开雨淋，同时，花期多施磷钾肥，促进多结果。

赠花礼仪

春节将南天竹和蜡梅的组合赠送亲朋好友，以祝"吉祥如意"。

"黎明"品种

"玉果"品种

"火力"品种

冬珊瑚

Solanum pseudocapsicum L

别名：珊瑚樱、吉庆果、珊瑚豆。
科属：茄科茄属。
果期：夏季。
花语：明天会幸福。

喜温暖、湿润和阳光充足的环境。不耐严寒，怕霜冻，耐半阴。生长适温为20~25℃，冬季温度不低于8℃。

❁选购

购买盆花要求植株矮壮，节间短，丰满，枝繁叶茂，无缺损，无黄叶。盆花挂果多，果大色艳，有光泽，大小一致，成熟度一致，无烂果和破损。盆花运输要包装好，成熟浆果容易被碰落或碰伤，挂果枝条也容易折断。

▽选盆 / 换盆

栽种盆栽用直径10~15厘米的盆。当根系生长满盆时即可换盆1次。

❧配土

盆土用肥沃园土、泥炭土和沙的混合土。

◌浇水 / 光照

生长期充分浇水，开花时要控制浇水量，以提高坐果率。冬珊瑚需放在有充足光线的地方养护。它不太怕强光，但也不耐阴。冬季需要良好的光照，才能更好地过冬。

▣施肥

生长期每半月施肥1次；秋季开花时，增施1次或2次磷钾肥以促进结果，或用"卉友" 15-15-30盆花专用肥。

⚔修剪

苗株高10~15厘米时摘心1次。越冬老株，通过修剪能重新萌发新枝，继续开花结果。

🌱繁殖

常在春季进行。在水中把果实洗出种子，晾晒干后贮藏。种子可先育苗再上盆或者直播盆内。种子发芽适温为20~25℃，10天左右即可发芽。

📋病虫害

冬珊瑚易患炭疽病，发病初期喷洒50%多菌灵可湿性粉剂700~800倍液或75%百菌清500倍液。虫害以蚜虫为主，用40%氧化乐果乳油2000倍液或50%敌敌畏乳油1500~2000倍液喷雾。

Q 不败指南

怎样防止冬珊瑚落叶、落果？

冬珊瑚发生落叶、落果现象；主要是室温过低、光照不足和盆土过湿引起的。为此，盆栽冬珊瑚必须摆放在阳光充足的位置，室温不能低于10℃，浇水不宜过多，尤其冬季雨雪天气，4~5天浇水1次，盆土保持稍干燥，才能防止落叶、落果的发生。

养花有益

冬珊瑚的根部用酒浸泡，酿制成药酒，据资料记载对腰肌劳损有一定的治疗效果。但是冬珊瑚全株都是有毒的，所以治病时千万不能直接食用植株。

成熟度不一的果实

冬珊瑚青果期

冬珊瑚开花

观赏辣椒

Capsicum annuum

别名：五彩辣椒。

科属：茄科辣椒属。

果期：秋冬季。

花语：引人注目。

喜温暖、湿润和阳光充足的环境。生长适温为21~25℃，超过30℃生长减缓，开花结果少，低于10℃停止生长。

❀ 选购

购买盆栽，要求植株矮壮、丰满，枝叶繁茂。挂果多，匀称，色彩鲜艳，有光泽，成熟度基本一致，无烂果和破损。

▽ 选盆 / 换盆

盆栽用直径12~15厘米的盆。每1~2年可换盆1次。

🐛 配土

用肥沃园土、泥炭土、腐叶土和粗沙的混合土，再加入15%的腐熟厩肥。从播种至采收需60~90天。

♦ 浇水 / 光照

生长期保持土壤湿润，每3天浇水1次。夏季经常向叶面喷雾。果实成熟变色后可少浇水，保持湿润即可。全日照，长时间的充足阳光有利于开花结果。

▣ 施肥

4~8月每周施肥1次，用腐熟饼肥水或"卉友"20-20-20通用肥，挂果后加施1次或2次磷钾肥或"卉友"15-30-15高磷肥。

⚔ 修剪

幼苗生长初期打顶2次或3次。花果期适当疏花疏果。

🌱 繁殖

主要用播种繁殖。冬末或早春室内盆播，种子先浸泡1~2个小时，晾干后播种，覆土1厘米，发芽适温为25~30℃，播后3~5天发芽。苗株具8~10片真叶时定植或移栽。

🌡 病虫害

常见炭疽病，发病初期可用70%甲基硫菌灵可湿性粉剂1000倍液喷洒。虫害有红蜘蛛、蚜虫，可用40%氧化乐果乳油1500倍液或50%杀螟松乳油1500倍液喷杀。

Q 不败指南

Q 怎样防止观赏辣椒结果少而小？

观赏辣椒不耐寒，怕干旱，忌阳光不充足。缺少阳光，植株易徒长，开花后挂果少而小。高温时，盆土或空气干燥，易引起落花、落果现象。所以养护时，应保持充足的光照和盆土湿润。

赠花礼仪

挂果累累的盆栽观赏辣椒颜色变化神奇，送给喜爱辣椒的朋友，显得格外真诚和亲切。

▶『探戈』品种

▶『宇宙』品种

▶『幻彩橘黄』品种

▶『紫炎』品种

187

Ardisia crenata

朱砂根

别名：**大罗伞、火龙珠。**

科属：**紫金牛科紫金牛属。**

果期：**冬春季。**

花语：**喜庆祥瑞。**

喜温暖、湿润和半阴的环境。不耐寒，怕强光暴晒。生长适温为13~27℃，冬季温度不低于5℃。

❀选购

宜选购树姿优美，株丛密集，叶片繁茂，深绿色；挂果多，果实饱满，色彩鲜艳，无病虫和轻摇之不落者。切忌随意搬动，以免红果掉落。

▽选盆／换盆

盆栽用直径20厘米的盆，每2年换盆1次，在春季进行，剪除过长的盘根，加入肥沃的酸性土。

❧配土

肥沃园土、泥炭土和沙的混合土，加少量骨粉和腐熟饼肥。

♦浇水／光照

春季盆土保持湿润，适度光照。夏季每周浇水2次，防止强光暴晒。盛夏时，每天向地面、盆面、叶片喷雾，保持较高的空气湿度。秋季减少浇水量，每10天浇水1次，盆土保持稍湿润。冬季盆土不宜过湿，每10天浇水1次。空气干燥时，适度喷水。

▣施肥

生长期每半月施肥1次，现蕾后增施2次或3次磷钾肥。冬季待果实转红后，无需再给盆栽植株施肥。

✄ 修剪

当新梢长10厘米时摘心。果枝过多过密时，应该进行适当疏剪。

繁殖

扦插：6~7月剪取半成熟枝，长5~6厘米，插入沙床或蛭石，盆土保持湿润，及时遮阴，插后3~4周生根。播种：选择颗粒大、充实饱满、果皮鲜红的果实，去果皮，用25~30℃温水浸种，点播于盆内，覆土0.5厘米，忌过厚。播后5~6周发芽，发芽后3周子叶开展时移栽。

病虫害

常有叶斑病，用波尔多液或西维因可湿性粉剂1000倍液喷洒。虫害有介壳虫，用40%氧化乐果乳油1000倍液喷杀。

赠花礼仪

朱砂根是我国春节时的年宵花，适宜逢年过节赠送给亲戚朋友，增添喜庆气氛。

Q 不败指南

怎样才能使朱砂根的果实颜色鲜艳？

盆栽植株宜摆放在半阴处并适度喷雾，增加空气湿度，让果实显得更鲜艳。满树结果实时切忌搬动，防止果实掉落。高温季节加强通风，防止烈日暴晒。

朱砂根开花

虎舌红酷似朱砂根，结红果，但叶片上有绒毛

第六章

高手试试木本花卉

Michelia alba DC.
白兰花

别名：白兰、缅桂、白缅花。
科属：木兰科含笑属。
花期：夏季。
花语：洁白无瑕。

喜温暖、湿润和阳光充足的环境。不耐寒，不耐阴，怕高温和强光，不喜烟气和积水。生长适温为20~25℃，冬季温度不低于5℃，否则易受冻害。夏季高温闷热，也会导致白兰花死亡。

❁选购

株形丰满，枝叶繁茂，叶片亮绿色，无缺损、无黄叶、无病虫斑和其他污斑。小型盆栽株高不超过1米，大型盆栽株高不超过1.5米。植株上有花苞，有数朵已含苞待放，花色洁白，无褐斑，香气浓。

▢选盆 / 换盆

春季换盆，常用直径20~30厘米的盆。

❧配土

盆土用园土、腐叶土和河沙的混合土。

⬖浇水 / 光照

浇水是养好白兰花的关键，春季需中午浇水，每次必须浇足，夏季早晚浇水，冬季严格控制浇水。浇水过多，会引起烂根；浇水太少，又会影响生长。

▦施肥

生长期每旬施肥1次，花期增施磷肥2次或3次。冬季切忌施肥，以免烂根。

⋀修剪

生长过程中，剪除病枝、枯枝、徒长枝，摘除部分老叶，抑制树势生长，促进多开花。

🌱 繁殖

压条：最好在2~3月进行，将所要压取的枝条基部割进一半深度，再向上割开一段，中间卡一块瓦片，接着轻轻压入土中，春季压条，待发出根芽后即可切离分栽。嫁接：在9月中、下旬，选择发育良好的白兰枝条为接穗，砧木和接穗的切面应紧密接合，用塑料薄膜条进行绑扎、抹泥，并将接穗用泥土埋起来，保持土壤的湿润。

🧴 病虫害

叶面常见炭疽病、黄化病危害。炭疽病在发病初期喷1:1:100倍的波尔多液或25%炭特灵500倍液或70%炭疽福美600倍液。发生黄化病，选晴天早晨日出前向叶面喷施0.5%的硫酸亚铁水溶液或黄叶速绿植物抗病毒复合营养剂500倍液，间隔7~10天喷1次。易受红蜡蚧虫危害，在若虫孵化盛期，可喷25%亚胺硫磷乳油1000倍液。

Q 不败指南

白兰花的叶子为什么会发黄、焦黑？

水分过多、温度过高、光照过少、黄化病、炭疽病，都可能导致白兰花叶子发黄、焦黑。解决办法是浇水适当，保持盆土湿润即可，维持5~10℃的均温。家庭养护注意保持充足光照、选用微酸性土壤，偏碱性无机肥要少量施用。

赠花礼仪

白兰花宜赠恋人，表示"爱情纯洁无瑕"。白兰花与玫瑰、凌霄花、玉簪花等组合赠送异性朋友，表达"我们之间的友情洁白无瑕，分外高洁"。

"黄兰"品种

山茶花

Camellia japonica

水瓶座守护花

别名：茶花。

科属：山茶科山茶属。

花期：冬春季。

花语：美、天生丽质。

喜温暖、湿润和半阴的环境。怕高温和强光暴晒，切忌干燥和积水。生长适温为8~25℃，冬季能耐-5℃低温，低于-5℃，嫩梢及叶片易受冻害。

❀选购

最好挑选树冠矮壮、枝叶繁茂、花朵大且艳丽，开花和花蕾各占一半的植株。若盆土过于疏松，则表明刚栽植不久，不建议购买；若枝条或叶背附有介壳虫的蜡壳，也不要购买。

🪴选盆 / 换盆

常用直径15~20厘米的盆，成年植株用直径20~30厘米的盆。每2~3年换盆1次，花后或秋季进行。

🌱配土

盆土用园土、腐叶土和河沙的混合土。

💧浇水 / 光照

春季开花期每天浇水1次。夏季每天早晚各浇水1次。盆土表面干燥发白时，浇透水。秋季每周浇水2次或3次。冬季放阳光充足处越冬，室温保持在10℃以上，每2~3天浇水1次。

✂修剪

山茶花生长较慢，不宜过度修剪，一般剪除病虫枝、弱枝和短截徒长枝即可。对新栽植株适当疏剪；对开花植株加以剥蕾，保证主蕾发育、开花；将干枯的废蕾和残花随手摘除。换盆时随手剪去徒长枝和枯枝。

施肥

山茶花喜肥，主要需掌握3个施肥时间。第1个时间为4月左右，进行花后补肥，促使新梢生长。常用0.2%~0.3%尿素或腐熟饼肥水，每半月1次，前后施3次或4次。第2个时间为6月，需要追肥，提高抗干旱能力，并促使二次枝梢萌发生长，以薄肥为主，每20天施1次，共施肥2次。第3个时间为9~10月，进行补肥，提高抗寒能力。以追施薄肥为主，前后施2次或3次。

繁殖

扦插：以6~7月或9~10月为宜，选叶片完整、叶芽饱满的当年生半成熟枝为插条，长8~10厘米，先端留2叶片，插条清晨剪下，随剪随插，温度保持在20~25℃，插后3周愈合，6周后生根。

病虫害

叶面常见炭疽病、褐斑病危害，可用等量式波尔多液或25%多菌灵可湿性粉剂1000倍液喷洒。易受红蜘蛛、介壳虫危害，量多时可用40%氧化乐果乳油1000倍液喷杀。

Q 不败指南

Q 山茶花有花蕾但不开花是什么原因？

若盆土缺水、烈日烤晒、通风不畅，就会出现落蕾、僵蕾的情况。因此养护山茶花时，要控制好盆土湿度、把握好光照、及时通风等，做好"保蕾"工作。此外，"保根"和"保叶"也尤为重要。

▶『黄绣球』品种

▶『花风尾』品种

▶『人面桃花』品种

▶『午夜魔幻』品种

Chimonanthus praecox

蜡梅

别名：黄梅花、黄梅、香梅、蜡木。

科属：蜡梅科蜡梅属。

花期：冬季。

花语：依恋、慈爱。

喜湿润和阳光充足的环境。耐寒、耐旱和耐阴，怕水湿和风，发枝力强。生长适温为10~15℃，冬季能耐−15℃低温。

✿选购

盆栽蜡梅，要选植株矮壮，分枝多，匀称，枝条粗壮；植株花苞多而饱满，并着色，有部分花朵已开放，花色蜡黄，无掉瓣和缺损的。购买蜡梅苗株，应在落叶后至萌芽前，要求植株健壮，茎干粗壮，株高在1.5米左右，枝条分布匀称，土球要大。

选盆 / 换盆

盆栽用直径20~25厘米盆。种苗移栽应在秋冬落叶后至春季萌芽前进行，种苗必须带土球。种植地需选择干燥的避风场所，注意不要积水和碱土。盆栽蜡梅每年春季花后换盆。

配土

盆土用肥沃园土、腐叶土和沙的微酸性混合土。

浇水 / 光照

生长期土壤保持干燥或稍湿润，正所谓农谚道："旱不死的蜡梅"。春、秋、冬三个季节光照柔和，可全天日照，夏季中午注意遮阴。

施肥

花后施肥1次，用腐熟饼肥水。

✂ 修剪

每年秋、冬季根据树冠形状进行修剪，力求通风透光。花后至发叶前进行修剪整枝，控制植株高度，长枝适当剪短，促使多生短状花枝。

🌱 繁殖

嫁接：以切接为主，也可采用靠接和芽接。切接多在3~4月进行，当叶芽萌动有麦粒大小时嫁接最易成活。如芽发得过大，接后很难成活。切接前一个月，就要从壮龄母树上，选粗壮而又较长的一年生枝，截去顶梢，使养分集中到枝的中段，则有利于嫁接成活。

🧴 病虫害

常见炭疽病、黑斑病、蚜虫等危害。炭疽病可喷洒50%甲基托布津800~1 000倍液，黑斑病喷洒50%多菌灵可湿性粉剂1 000倍液。蚜虫可用10%吡虫啉可湿性粉剂6 000倍液喷杀。

Q 不败指南

购买的蜡梅苗没有叶子怎么回事？

蜡梅是先开花后长叶的。若是冬季或者初春购买的小苗，就不会有叶片，等花期过后才开始长叶，日常养护就可以了。若是已经过了花期还没长叶，就要注意可能是养护不当造成的，建议脱盆检查根系。若腐烂要尽快救治，避免死亡。

赠花礼仪

蜡梅宜赠好友和知心朋友，表达"友谊长存"。

红心蜡梅

小花蜡梅

素心蜡梅

Fuchsia hybrida

倒挂金钟

白羊座守护花

别名： 吊钟海棠、灯笼花。
科属： 柳叶菜科倒挂金钟属。
花期： 春末至夏初、秋末至冬初。
花语： 爱好、趣味、热情。

喜凉爽、湿润和阳光充足的环境。较耐寒，怕高温。生长适温为15~22℃，冬季温度不低于5℃植株正常生长。

❀选购

选购倒挂金钟以植株开始开花为宜，并以分枝多、叶片深绿、花蕾多和花型大的株形为好。

🪣选盆／换盆

常用直径15厘米的盆，每盆栽苗2株或3株。每年春季换盆。换盆时需要对植株加以短截或重剪。

🐛配土

盆栽可用腐叶土或泥炭土、培养土和沙的混合土，也可用园土、腐叶土和珍珠岩的混合土。

💧浇水／光照

春季每周浇水2次，保证阳光充足。夏季高温时，盆栽植株进入半休眠状态，保持土壤微湿，每周浇水3次或4次并多喷雾、降温和提高空气湿度。盆栽植株放室外时，雨后要防止盆内积水和大风吹袭。秋季每周浇水1次，保证光照充足。盆土不要过湿，以免缩短花期。秋末将盆栽植株搬进室内，放在阳光充足处。冬季室温保持在10℃以上，每周浇水1次。

🌸施肥

生长期每半月施肥1次，用腐熟饼肥水，或用"卉友"15-15-30盆花专用肥。夏季停止施肥，放通风凉爽处。

▲"汤姆·韦斯特"品种　　▲"二百周年"品种　▲"拉迪苏比"品种

✂ 修剪

苗期摘心2次，第1次在长出3对叶时，留2对叶片摘心，促发分枝。当新枝长出3对或4对叶时，第2次摘除顶部1对叶。一般保留5~7个分枝，疏除多余的细枝、弱枝。花后对过长的枝条加以短截。老株基部光秃时，需重剪更新或淘汰。

🌱 繁殖

播种：春秋季进行，15~20℃为发芽适温，播后15天左右发芽，春播苗第2年可开花。

🧴 病虫害

主要发生灰霉病和锈病。灰霉病用50%多菌灵可湿性粉剂1000~1500倍液喷洒；锈病用50%退菌特可湿性粉剂800~1000倍液喷洒防治。虫害有蚜虫、红蜘蛛和白粉虱，可用25%噻嗪酮可湿性粉剂1500倍液喷杀。

不败指南

Q 倒挂金钟落蕾怎么办？

倒挂金钟在温度高时需要适当通风。保持盆土干湿适中，不能出现干裂或积水的现象。生长期最好放在阳光充足的地方养护，并及时施肥。另外，要及时用药剂喷洒防治常见的病虫害。

Gardenia jasminoides

栀子花

别名：山栀子、黄栀子。

科属：茜草科栀子属。

花期：夏秋季。

花语：永恒的爱、一生的守候。

喜温暖、湿润和阳光充足的环境。较耐寒，耐修剪。生长适温为18~25℃，冬季能耐-5℃低温。

✿选购

家庭选购花枝，以花朵几乎完全开放、外围花瓣与茎的夹角勿超过90°为宜。盆花以选花蕾多，少数花朵已显色开放的为好。

选盆 / 换盆

常用直径12~25厘米的盆。每年春季换盆。

配土

以肥沃、疏松、排水良好的酸性土壤为宜，可使用培养土、泥炭土和沙的混合土，并加入10%腐熟饼肥或厩肥。

浇水 / 光照

春季生长期保持土壤湿润，充足光照。夏季进入花期后充分浇水。秋季空气干燥时向叶面喷雾。冬季盆土保持湿润，适度光照。土壤快干透时浇透水。

施肥

每月施肥1次，开花前增施磷钾肥1次或2次，还可以用"卉友"21-7-7酸肥。盆栽每7~10天浇1次稀薄矾肥水。

修剪

早春即可修剪整形，剪去枯枝和徒长枝。花后适当修剪，压低株形，促使分株。

🌱 繁殖

扦插：北方多在5~6月进行，剪取成熟枝条，长10~12厘米，插后20~30天能生根。南方常在梅雨季节进行，剪取长15厘米嫩枝，插入沙床，插后10~12天生根。扦插后应保持盆土湿润。

病虫害

常发生斑枯病和黄化病危害，可用65%代森锰锌可湿性粉剂600倍液喷洒，定期在浇水中加0.1%硫酸亚铁溶液，可防治黄化病。虫害有刺蛾、介壳虫和粉虱危害，用90%敌百虫1000倍液或80%敌敌畏1500倍液喷杀。

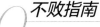

Q 不败指南

为什么栀子花一直都不长？

买回的盆栽或苗株需放在阳光充足和通风的朝南窗台上或庭院内。适当向植株的叶片喷雾，使之恢复生长。另外，如果是在碱性土壤中栽种栀子花，叶片会出现黄化现象，也会影响栀子花的生长和开花。

赠花礼仪

栀子花宜赠亲朋好友，寓意"高雅纯洁的友谊"。宜送少女，赞扬姑娘"纯洁美丽"。

单瓣栀子花

斑叶栀子花

重瓣栀子花

Hibiscus rosa-sinensis

扶桑

处女座守护花

别名：大红花、朱槿。

科属：锦葵科木槿属。

花期：夏末至初冬季。

花语：体贴之心。

喜温暖、湿润和阳光充足的环境。不耐寒，不耐阴，怕干旱。生长适温为15~25℃，冬季温度不低于10℃,5℃以下叶片会转黄脱落，低于0℃枝条会受冻死亡。

❀选购

选购盆栽时，要求植株矮壮，株高不超过50厘米，分枝多，叶片茂盛，深绿色；花苞多，部分已开花，以便鉴别品种。

▭选盆 / 换盆

常用直径15~20厘米的盆。每年春季的时候换盆。

㏒配土

盆土以肥沃、疏松的微酸性土壤为宜，可用园土、泥炭土和沙的混合土。

♦浇水 / 光照

春季茎叶生长旺盛，每周浇水2次。进入花期，摆放在室外阳光充足、通风处，每周浇水3次。夏季进入盛花期，每2天浇水1次，盆土保持湿润。秋季和冬季盆栽植株要搬进室内养护，每周浇水2次或3次。

▦施肥

扶桑特别耐肥，生长期每半月施肥1次，可用"卉友"15-15-30盆花专用肥。秋后减少施肥，控制新梢生出。冬季停止施肥，防止茎叶生长过快，影响抗寒能力。

✄ 修剪

花后及时修剪花枝，有利于新花枝的萌发，多开花。盆栽苗株高20厘米时进行摘心，促使多分枝，达到株矮花多的效果。

⚘ 繁殖

扦插：梅雨季进行，剪取顶端嫩枝，长10厘米，剪去下部叶片，留顶端叶片，切口要平，插入沙床，保持较高空气湿度，室温为18~21℃，插后20~25天生根。插前用0.3%~0.4%吲哚丁酸溶液处理1~2秒，可缩短生根期。

嫁接：春、秋季进行，多用于重瓣和扦插困难的品种，常用枝接法或芽接法。砧木用单瓣扶桑，嫁接苗当年抽枝开花。

📦 病虫害

发生叶斑病可导致大量落叶，直接影响植株生长和开花，可用70%甲基托布津可湿性粉剂1000倍液喷洒防治。有时发生蚜虫、红蜘蛛和刺蛾危害花枝和叶片，可用10%除虫精乳油2000倍液喷杀。

Q 不败指南

为什么扶桑的花朵一直长不大？

在花期时施肥量过少或没有施肥，都会引起花朵长势衰弱或落蕾。因此要想让扶桑在开花时花大而色美，就需要及时施肥，保证养分的充分供应。一般每半月施肥1次，可用盆花专用肥。

▶『美人』品种

▶『粉红』品种

▶『粉团』品种

▶『虹彩』品种

绣球花
Hydrangea macrophylla

双子座守护花
生肖属猪者的幸运花

别名：紫阳花、八仙花、洋绣球。
科属：虎耳草科八仙花属。
花期：春夏季。
花语：美满、丰盛。

喜温暖、湿润和半阴的环境。不耐严寒，怕水湿和干旱。生长适温为18~28℃，冬季温度不低于5℃。花芽分化在5~7℃下完成，20℃能促使开花。

❀ 选购
盆花以植株开始开花为好，切花以圆锥花序上有1/2的花朵开放为宜。

▽ 选盆 / 换盆
常用直径15~20厘米的盆。每年春季换盆。

﹅ 配土
肥沃园土、泥炭土和河沙的混合土。在酸性土中种植，花呈蓝色；在碱性土中种植，花呈红色。

♦ 浇水 / 光照
春季生长期盆土保持湿润，充分浇水。夏季每周浇水2次，高温干燥时，每天向叶面喷雾，注意通风。盆栽植株开花时，适当遮阴，有助于延长花期。秋季待盆土表面干燥后再浇水，控制浇水量。冬季同秋季，摆放在阳光充足处。

⊠ 施肥
每半月施肥1次，可用"卉友"21-7-7酸肥。

✂ 修剪

花苗高至15厘米时可摘心。花后需要及时修剪，一方面是为了保存实力，另一方面是防止株形过高，以促发新枝。入冬前将新梢的顶部剪去，有助于绣球花越冬。

🌱 繁殖

分株：早春萌芽前，将已生根的枝条与母株分离，直接盆栽，放半阴处养护。扦插：在梅雨季节进行，剪取顶端嫩枝，长20厘米，摘去下部叶片，适温为13~18℃，插后15天左右生根。压条：在芽萌动时进行。30天后生根，翌年春季与母株切断，带土移植，当年可开花。

🧴 病虫害

主要有萎蔫病、白粉病和叶斑病危害，用70%代森锰锌可湿性粉剂600倍液喷洒。虫害有蚜虫、盲蝽危害，可用40%氧化乐果乳油1500倍液喷杀。

! Q **不败指南**

绣球花开花后如何修剪，来年开更旺？

因为绣球的花期较长，花后修剪要根据不同的季节来定。如果是春季花后修剪，要注意在靠近花的那一对芽上方，将残花剪去即可；而如果是秋季花后修剪，则可尽量剪得短一点。

赠花礼仪

宜在婚庆、佳节、家人团聚时应用，寓意"团圆欢乐"。宜赠倾心的男友，借"绣球"表达"爱慕之心"。

"魔幻翡翠"品种

"你我的浪漫"品种

"雪舞"品种

Jasminum sambac

茉莉

双子座守护花

别名：爱之花、母亲花。

科属：木樨科茉莉属。

花期：夏秋季。

花语：爱情、友谊。

喜温暖、湿润和阳光充足的环境。不耐寒，耐高温，怕干旱，喜强光。生长适温为25~35℃，冬季温度不低于5℃。

❀选购

以植株矮壮，枝条密集，叶片深绿，无黄叶，花枝多，花苞多，部分开花，花朵大而饱满者为佳。重瓣品种更好。

▽选盆 / 换盆

常用直径15~20厘米的盆。每年春季或花后换盆。

♋配土

盆土可用园土和砻糠灰、蛭石、腐叶土的酸性混合土。

♦浇水 / 光照

春季保证充足光照，每2~3天浇水1次，注意通风。夏季早晚浇水，并给枝叶适当喷雾，多晒太阳。秋季盆土保持湿润。冬季保持室温在10℃以上，减少浇水，土壤以湿润偏干为宜。若光照强，则叶色浓绿，枝条粗壮，开花多，着色好，香气浓；若光照差，则叶片颜色淡，枝条细弱，着花少而小，香气差。

▣施肥

生长期每周施肥1次，或用"卉友"21-7-7酸肥。孕蕾初期，在傍晚用0.2%尿素液喷洒，促进花蕾发育。

✂修剪

换盆后需摘心整形，盛花期后需重剪更新，促使萌发新枝。

🌱繁殖

扦插：4~10月均可进行，以夏季生根最快。剪取成熟的1年生枝条，长8~10厘米，去除下部叶片，插于沙床，插后60天生根。压条：选取较长的枝条，在离枝顶15厘米处的节下部轻轻刻伤，埋入沙、土各半的盆内，保持湿润，2~3周生根，2个月后与母株剪离，单独盆栽。

🧴病虫害

常发生叶枯病、枯枝病和白绢病，可用70%代森锰锌可湿性粉剂600倍液喷洒。虫害有卷叶蛾、红蜘蛛和介壳虫，可用50%杀螟松乳油1000倍液喷杀。

赠花礼仪

宜赠清雅恬静、心地纯洁的女友，意为"思念、爱慕、关怀"。探望病人宜赠茉莉花，寓意"祝君健康快乐"。

Q 不败指南

如何能使茉莉开得多、香气浓？

茉莉是喜光耐肥的花卉。花谚常说"晒不死的茉莉"，说明光照充足则枝叶茂盛，花开香浓；花谚又道"修枝要狠，开花才稳"，亦说明修剪措施很重要。当然，充足的肥水也必须跟上。

无瓣状的虎头茉莉

虎头茉莉

Lagerstroemia indica

紫薇

别名：痒痒树。

科属：千屈菜科紫薇属。

花期：夏秋季。

花语：高贵、烂漫、耐久。

喜温暖、湿润和阳光充足的环境。耐寒、耐旱，怕阴和积水。生长适温为15~25℃，冬天能耐-10℃低温。

❀选购

购买苗株，要求株高1.5~1.8米，株形优美，树干光滑，分枝多，且枝条分布匀称。选购盆栽则要求植株矮壮，不超过50厘米，分枝多而密集，花蕾已露色，有部分花朵已开，花色纯正、秀丽。

▽选盆 / 换盆

常用直径25厘米的盆。花期过后，夏季换盆利于紫薇快速生长。

配土

盆土可以用肥沃园土、腐叶土和沙的混合土。

◊浇水 / 光照

生长期土壤保持较高湿度，夏季高温时充分浇水，天气干燥时可向植株喷雾，增加空气湿度。土壤积水，会引起烂根死亡。紫薇的株苗或盆栽需摆放在阳光充足和通风的庭院内。

施肥

成年植株早春开沟施重肥1次，初夏再施1次磷肥。

修剪

花谢后及时剪除花序，生长过程中及时剪除树干和枝条上的蘖芽，冬季进行修剪整形。

繁殖

播种：秋季采种，冬季干藏，翌春播种。发芽适温为18~22℃，播后20天左右发芽。扦插：春季萌芽前选取1~2年生生长旺盛的枝条，长15~20厘米，插入沙床，在室温为21~27℃的保湿条件下，成活率在90%以上。也可夏季采用嫩枝扦插。

病虫害

常发生白粉病，用70%甲基托布津可湿性粉剂800倍液喷洒防治。虫害有蚜虫和介壳虫，可用40%氧化乐果乳油1500倍液喷杀。夏季有蓑蛾危害，用90%敌百虫原药1000倍液喷杀。

Q 不败指南

为什么紫薇苗迟迟不发芽？

紫薇为半阴生花卉，喜生于肥沃湿润的土壤，错过适宜播种时间种子可能就会进入休眠期，发芽缓慢。播种一般在2~5月或8~10月进行，这两个时间段播种的紫薇种子发芽率比较高。

赠花礼仪

长辈寿辰时宜赠紫薇盆景，意为"吉祥如意、健康长寿"。

"银薇"品种

"翠微"品种

"红薇"品种

Paeonia suffruticosa

牡丹

金牛座守护花

别名： 洛阳花、富贵花。

科属： 毛茛科芍药属。

花期： 春末至夏初。

花语： 吉祥、美好、繁荣。

喜凉爽和阳光充足的环境。耐寒、耐旱，怕炎热和多湿。生长适温为13~18℃，冬季能耐-15℃低温。花期以15~20℃为宜，过热会让花朵提早凋谢，还会影响茎叶生长。

❀选购

选购或采切花枝时，以紧实花蕾开始显色时为宜。重瓣花应比单瓣花稍后些采切，红色品种比白色品种稍后些采切。采切时应尽可能留给母株多一些叶片，以保证下一年可继续采切。

🪴选盆 / 换盆

盆栽用直径20~30厘米的深盆(深35厘米)。盆栽时间在9月下旬至10月上旬。上盆前让植株晾干1~2天，待根部变软，剪去过长和受伤的根，栽植时根颈与土面齐平。栽后浇透水。

🐛配土

盆土用肥沃园土、腐叶土和沙的混合土。

💧浇水 / 光照

生长期盆土保持湿润，过湿或盆中积水会导致烂根。地栽选择地势高、向阳的地方种，盆栽摆放在朝东或朝南的阳台，保证充足光照。

🌰施肥

生长期每半月施肥1次，开花前和花期每周施肥1次，以磷钾肥为主。

✂ 修剪

秋冬落叶后，剪去交叉枝、内向枝等过密枝条，利于通风透光和株形美观。冬季根据植株长势进行定干（这是对观赏花木按要求高度所进行的一种短截修剪措施。定干高度包括主干高度和将来分生主枝的范围）、除芽和修剪，保证植株生长均衡、花大色艳。

🌱 繁殖

分株：在秋季进行，将4~5年生大丛牡丹整株挖出，阴干2~3天，待根稍软时分开栽植，每株以3~5个蘖芽为宜。
嫁接：在夏秋季进行，以芍药根为砧木，选牡丹根际上萌发的新枝或1年生短枝作接穗，采用劈接法或嵌接法，成活率高。

🧴 病虫害

常见炭疽病和褐斑病危害，可用波尔多液喷洒预防。虫害有蚜虫、红蜘蛛和天牛，蚜虫和红蜘蛛可用40%氧化乐果乳油1000倍液喷杀，天牛用90%敌百虫原药1000倍液喷杀。

Q 不败指南

为什么养的牡丹早早就开了，而且有落叶？

可能是天气的原因，牡丹怕炎热和多湿。干热天气和雨水过多，对牡丹生长不利，易导致落叶、开花早的现象。另外，栽培牡丹切忌碱性土壤，栽植切忌过深，以根颈与土面齐平为好。

▶『白雪塔』品种

▶『蓝田飘香』品种

▶『贵妃插柳』品种

▶『新日月』品种

211

Rhododendron hybrida

比利时杜鹃

别名：四季杜鹃。

科属：杜鹃花科杜鹃属。

花期：冬春季。

花语：爱的喜悦。

喜温暖、湿润和阳光充足的环境。不耐寒，怕高温和强光暴晒。稍耐阴，怕干旱和积水。生长适温为15~25℃，5~10℃或30℃以上生长缓慢，0~4℃处于休眠状态。

❀选购

选购比利时杜鹃时，要求植株矮壮，树冠匀称，枝条粗壮；叶片深绿有光泽，无缺损，无病虫；花苞多而饱满，有1/5的花苞已初开，花色鲜艳，无缺损和褐化。

▽选盆／换盆

常用直径15~20厘米的盆。每年春季或花后换盆。

⚘配土

盆土以肥沃、疏松和排水性良好的酸性沙质壤土为宜，常用腐叶土、培养土和粗沙的混合土。

◊浇水／光照

春季每周浇水2次，盆土保持湿润。夏季浇水需浇透，傍晚向叶面喷雾，增加空气湿度。盆土不要过湿或过干。适当遮阴，室温不宜超过30℃。秋季盆栽室内养护，盆土不能过于湿润，浇水量逐渐减少，以每周浇水2次或3次为宜，在午后或室温较高时浇水。冬季摆放在温暖、阳光充足处，室温10℃以上。每周浇水1次，盆土保持湿润。

▣施肥

生长期每半月施肥1次，以薄肥为好。同时增施2次0.15%的硫酸亚铁溶液，或用"卉友"21-7-7酸肥。

✂ 修剪

生长期进行修剪、整枝和摘心。剪除徒长枝和萌蘖枝，疏剪过密枝。

🌱 繁殖

扦插：5~6月剪取半成熟嫩枝，长12~15厘米，除去基部2片或3片叶，留顶端叶片，插入沙床，60~70天生根。

🗐 病虫害

主要有褐霉病和黑斑病危害，严重时受害叶片枯黄脱落，发生初期用75%百菌清可湿性粉剂1000倍液每半月喷洒1次，连续喷洒3次或4次。夏秋季高温干燥时，易受红蜘蛛和军配虫危害，发生时用40%氧化乐果乳油1500倍液喷杀。

Q 不败指南

如何延长比利时杜鹃的花期？

若开花的比利时杜鹃盆花摆放在室温高或靠近空调热风口的地方，则开花很快，花期缩短。若盆花放置在水果盘附近，成熟水果散发的乙烯会引起杜鹃落花。因此摆放时需多加留心，以免人为地缩短比利时杜鹃的花期。

赠花礼仪

比利时杜鹃花与常春藤、萱草的组合宜赠母亲，谨祝母亲"永葆青春、吉祥如意"。

"淡粉色"品种

"奥斯塔莱特"品种

"赛马"品种

Rose Chinensis

月季

双子座守护花

别名：玫瑰、现代月季、月月红。

科属：蔷薇科蔷薇属。

花期：夏秋季。

花语：幸福吉祥、天长地久。

喜温暖和阳光充足的环境。耐寒。生长适温为20~25℃。冬季温度低于5℃，进入休眠期。一般品种耐-15℃低温，抗寒品种能耐-20℃低温。

❀选购

购买盆栽月季，以植株开始开花为宜。选购月季切花，红色或粉红色品种，以头两片花瓣开始展开，萼片处于反转位置为宜。

🪣选盆 / 换盆

常用直径15~18厘米的盆。微型月季用直径10~15厘米的盆。每年在初冬或早春换盆。

🐛配土

盆土可用园土、腐叶土和沙的混合土。

💧浇水 / 光照

春季盆土保持湿润，每周浇水1次。开花期可多晒太阳，有利于开花。夏季每周浇水2次或3次，气温超过20℃时，向叶面喷雾。秋季盆土保持湿润，每周浇水1次。冬季盆土保持干燥，摆放在温暖、阳光充足处。

🪟施肥

每半月施肥1次，花期增施2次或3次磷钾肥。春季萌芽展叶时，新根生长较快，施肥浓度不能过高，以免新根受损。

✂ 修剪

生长过程中，注意修剪，去除过多侧枝和蘖芽。现蕾期，应摘蕾和摘去腋芽，每枝只开一花。必须在萌芽前完成。

🌱 繁殖

扦插：全年均可进行，剪取健壮枝条，长8~10厘米，基部的叶及侧枝保留3~5片小叶，保持室温为20~25℃和较高的空气湿度。扦插枝条剪下后，要立即插入盆中，深度为插穗的1/3~1/2，并浇透水，至水从盆底渗出时，可以用塑料袋罩上，置阴凉处，提高扦插成活率。如果在春夏季进行，约15天生根；秋插约30天生根；冬插先愈合，翌年春天生根。

📦 病虫害

常发生白粉病和黑斑病，白粉病用70%托布津可湿性粉剂600倍液喷洒，黑斑病在冬季剪除病枝，清除落叶。有蚜虫、刺蛾和天牛等虫害。蚜虫、刺蛾用40%氧化乐果乳油2000倍液喷杀，天牛用80%敌敌畏原液毒杀。

Q 不败指南

月季春季发出的新芽为什么都死掉了？

很可能是冬季过早修剪，导致萌发新芽太早，从而使得嫩芽遭受霜冻。应尽量在早春萌发新芽前修剪，可结合换盆进行。

▶『蓝色的尼罗河』品种

▶『雅典娜』品种

▶『高级郡长』品种

▶『蓝香』品种

Chaenomeles speciosa

贴梗海棠

别名：铁脚海棠、铁脚梨、皱皮木瓜。

科属：蔷薇科木瓜属。

花期：春季。

花语：平凡、热情。

喜温暖的环境。耐寒，耐干，稍耐阴，怕水湿。根部萌生力强，耐修剪。生长适温为15~25℃，冬季温度不低于-8℃。

❀ 选购

盆栽贴梗海棠要求植株矮壮，枝条分布均匀，生长整齐，叶面深绿光滑。植株花苞多，都已露色，有1/3花朵已开放，花色鲜艳，不缺瓣。花多叶少或无叶者不要购买。贴梗海棠的花瓣容易掉落，购买后要小心包装保护。

▽ 选盆 / 换盆

用直径20厘米盆。盆栽苗株每年换盆，成年植株每2年换盆1次，在花后进行。

⚘ 配土

盆土用肥沃园土和粗沙的混合土，加适量鸡粪或腐熟饼肥。

♦ 浇水 / 光照

盆栽植株，生长期每1~2天浇水1次；冬季每3~4天浇水1次。花后新芽萌发或气温升高时可多浇水，初夏进入花芽分化期，要控制浇水，落叶后至开花前浇水稍少。需置于阳光充足的开阔地，炎热夏季避免阳光直射。

▦ 施肥

生长期每月施肥1次，用腐熟饼肥水，或用"卉友"20-8-20四季用高硝酸钾肥，施肥必须适量。春节促花栽培，在室温15~20℃下，每周施用1次尿素和磷酸二氢钾加水1000倍作追肥，直至开花。

▲"银长寿乐粉晕"品种　　　▲"一品香"品种　▲"东洋锦红"品种

✄ 修剪

成年植株，每1~2年修剪1次，剪除交叉枝、过密枝和细弱枝。对当年生的枝条适当短截，促使分枝，培育花枝。由于贴梗海棠的花多着生在2年生枝条上，秋后切忌重剪，否则翌年开花减少。

🌱 繁殖

扦插：可采发育较好的1~2年生枝条，将其剪为2~3厘米长的插条，并在每条留2个或3个节，一般在春季发芽前或秋季落叶后扦插，在春季可大面积扦插。压条：一般在春秋两季于老树周围挖穴，再把生长于其根部的枝条弯曲下来，压入其中，而在土里埋下中间部分，只在穴外留住枝梢。

🧴 病虫害

主要病虫害有叶斑病、炭疽病、轮纹病、干腐病和蚜虫、红蜘蛛等。5月下旬至6月上旬喷1次或2次50%多菌灵胶悬剂800倍液或70%甲基托布津1000倍液，以防治叶斑病和果实病害；麦收后至落叶前，每隔半月喷施1次多菌灵或退菌特等杀菌剂与波尔多液（1:1:200）交替使用。

Q 不败指南

为什么贴梗海棠第2年不开花？

因为冬季室温过高，植株得不到充分休眠，花芽难以分化，也就很难再度开花。春季至秋季应放室外阳光充足的地方养护，夏季要避开西晒，放树下或稍阴的场所，防止灼伤叶片。肥水使用不能过量。

Bougainvillea glabra

三角梅

别名：三角花、光叶子花。

科属：紫茉莉科叶子花属。

花期：夏秋季。

花语：热情、坚韧不拔。

喜温暖、湿润和阳光充足的环境。不耐寒、耐高温、怕干燥。生长适温为15~30℃，冬季不低于7℃，开花需15℃以上。

❀选购

选购盆栽三角梅时，以植株上1/2至3/4的花朵开放为宜。尽量选择重瓣品种，并放阳光充足处，减少落花。

▭选盆 / 换盆

盆栽用直径15~18厘米的盆，吊盆用直径20~25厘米的盆，每盆均栽3株扦插苗。

🐛配土

盆土用腐叶土、培养土和粗沙的混合土。

💧浇水 / 光照

生长期，盆土快干时充分浇水，秋季控制浇水量，冬季每4~5天浇水1次。盆土过湿会引起落叶和落花。三角梅每天要有4~6小时充足的光照。在充足光照下可开花不断，花色鲜艳。盆栽宜摆放在朝东或朝南的窗台上和阳台。

📜施肥

生长期每月施肥1次，用腐熟饼肥水，或用"卉友"15-15-30盆花专用肥。秋季花期增施1次磷酸二氢钾，使苞片更加艳丽。

修剪

枝条过长显得凌乱，要对徒长枝进行摘心，摘心时间根据赏花时间而定，一般摘心后5个月始花。花后修剪整形，剪除枯枝、弱枝、密枝以及顶梢，促使更多新枝。生长5~6年后需短截或重剪更新。修剪时要轻剪侧枝，少剪内膛枝，重剪徒长枝，花期不修剪枝。

繁殖

扦插：早春用嫩枝扦插，夏季取半成熟枝条扦插，秋季用硬枝扦插，插条长15~20厘米，插于盛河沙的花盆中，在21~27℃室温下，插后约30天生根。压条：初夏用高空压条法，在离顶端15~20厘米处进行环状剥皮，用腐叶土和塑料薄膜包扎，约2个月可生根。嫁接：春季15℃以上时，用3~4年生三角梅作砧木，选取喜欢的品种作接穗，长5~10厘米，用劈接法或枝接法，接后40~50天可愈合。

病虫害

常见叶斑病危害，发病初期用70%代森锰锌可湿性粉剂600倍液喷洒。盆土过湿或排水不畅易发生根腐病，要注意盆土的疏松和透气。另有刺蛾和介壳虫危害，发生时可用2.5%敌杀死乳油5000倍液喷杀。

Q 不败指南

三角梅摆放在哪里养护得好？

买回的盆栽需摆放在阳光充足和通风的朝南窗台上、阳台或庭院内。光照不足容易枝叶徒长，开花减少，也会造成落叶、落花。周边不要摆放水果、蔬菜，以免落叶或落花。

养花有益

取三角梅叶片捣烂外敷患处，可有散瘀消肿的效果。

"红色重瓣"品种

"宫粉"品种

"光叶"品种

"红脉"品种

Clematis florida

铁线莲

巨蟹座守护花

别名：番莲。

科属：毛茛科铁线莲属。

花期：夏秋季。

花语：高洁、美丽的心。

喜温暖、湿润和半阴的环境。较耐寒，怕高温，忌积水，不耐旱。生长适温为15~22℃，冬季不低于−5℃，喜含锰盐的碱性土壤。

❀选购

选购盆栽时，要求叶片多且分布匀称，中绿至深绿色。最好在春季花期购买，可以看到花朵大小和颜色，以便知道品种和优劣。

选盆 / 换盆

常用直径15~20厘米的盆，每盆栽植1株苗，盆栽时根部入土5厘米。春季或花后换盆。

配土

盆栽以肥沃、排水性良好和含锰盐的碱性土壤为宜，可用腐叶土、泥炭土和沙的混合土。

浇水 / 光照

春季生长期盆土保持湿润，"干则浇，浇则透"。切忌盆内过湿或积水。夏季充足光照，强光时及时遮阴，盆土保持湿润，但如果盆土过湿或积水，反而会影响植株的正常生长。秋季注意通风，不能积水。冬季放室内养护，摆放在温暖、阳光充足处越冬，减少浇水量。

施肥

春季栽植前施肥，生长期每半月施肥1次，花芽形成期施1次磷肥，也可用"卉友"15-15-30盆花专用肥。不要施过多氮肥，以免造成花朵畸形或花期缩短。秋末可向落叶后的植株加施1次秋肥，提供充足养分，有利于花芽分化。

✂ 修剪

播种苗要摘心促使分枝，枝条较脆、易折断，生长过程中需及时整理枝蔓，设架固定，并及时修剪。成年植株一般每年疏剪1次，植株开始老化可重剪1次。刚栽植的株苗，将枝条截短留30厘米，翌年换盆后，每个枝条可留60~70厘米。

🌱 繁殖

扦插：5~6月进行，剪取长10~15厘米的成熟枝，节上带2个芽，插入泥炭土，2~3周生根。播种：秋季采种即播或冬季沙藏，翌年春播，播后3~4周发芽。秋播要到翌年春季才能萌芽出苗。

🧴 病虫害

易发生白粉病和灰霉病，发病初期用75%百菌清可湿性粉剂800倍液或50%甲霜灵锰锌可湿性粉剂500倍液喷洒。虫害有红蜘蛛和蚜虫，危害叶片和花枝，发生时用40%氧化乐果乳油1000倍液或25%噻嗪酮可湿性粉剂1500倍液喷杀。

Q 不败指南

为什么铁线莲的部分叶片变黄、枯萎？

肥料不足、盆土过湿、水和土壤偏酸性等原因都会造成这种情况。肥料不足会引起底部叶片枯萎脱落，花开不出来；几年没有换盆，盆土缺肥板结，也会使底部叶片枯萎脱落。

"红星"品种

"庆典"品种

养花有益

取适量铁线莲，配合鲜叶加酒或食盐捣烂敷患处，可治虫蛇咬伤、风火牙痛。

221

第七章

遇水就活的水培植物

Dracaena sanderiana
var. virens

富贵竹

别名：万寿竹、开运竹。

科属：龙舌兰科龙血树属。

花期：夏季。

花语：富贵、吉祥。

喜高温、多湿和阳光充足的环境。不耐寒、耐水湿，怕强光和干旱，耐修剪。生长适温为25~30℃，冬季不低于10℃，低于5℃茎叶易受冻害。

✿ 选购

选购盆栽时，以茎叶丰满、株形优美为宜。小型盆栽株高不超过30厘米，大型盆栽株高不超过60厘米。叶片完整、无缺损、无虫斑，深绿色，斑纹品种以纹理清晰者为好。切忌选过高的，因过高摆放不稳，容易倒伏。

▭ 选盆 / 换盆

盆栽或水培常用直径12~15厘米的盆。每年春季换盆。

◟ 配土

盆栽可用园土、腐叶土或泥炭土、河沙的混合土。

◊ 浇水 / 光照

春季早春气温不稳定，注意保暖防寒，保持充足的散射光，盆土保持湿润。若是水培，则不能断水。盛夏注意遮阴，避开强光，以50%~70%的光照对生长最为有利。每天向叶面喷雾2次或3次，增加空气湿度，避免叶片出现干枯。秋季天气转凉，减少浇水量，增加散射光。冬季保持室温在10℃以上，低于5℃易出现冻害，盆土保持稍干燥。

▨ 施肥

5~9月为生长期，每2个月施肥1次，用腐熟饼肥水，或用"卉友"20-20-20通用肥。若施肥频率过高，茎叶生长迅速，反而影响株态。

✂ 修剪

盆栽或水培时若植株生长迅速，茎干过高，出现弯曲，显得凌乱无序，必须通过修剪、截顶来压低株形，或者设支架进行绑扎。

🌱 繁殖

扦插：以6~7月梅雨季节进行最好。选取成熟、充实枝条，剪成长10~15厘米一段，插入沙床中，在室温25~30℃和较高的空气湿度下，20~25天可生根，2个月即可盆栽。

水培：将顶端枝长20~25厘米的插条沿节间处剪下，摘掉基部部分叶片，直接插入清水中，每3~4天换1次水，约3周可生根。生根后，每周换1次水。

🧴 病虫害

发生叶斑病和茎腐病时，可用200单位农用链霉素粉剂1000倍液喷洒。发现有蓟马和介壳虫危害时，采用40%氧化乐果乳油1000倍液喷杀。

富贵竹的水培

1. 选取扦插枝，剪斜口。

2. 将插枝放入盛水的容器中，定期加水和换水。

3. 摆放在阴凉处以便生根。

Q 不败指南

栽种的富贵竹长得太高，超过1米了，怎么办？

富贵竹在水肥充足和适宜的温度条件下，茎叶生长十分迅速。将过高的富贵竹在离盆面15厘米处截短，待重新萌发新枝，对剪下的部分再次进行扦插，这样一举两得，既压低了株形，又繁殖了新苗。

赠花礼仪

宜送亲朋好友，祝贺他们财源滚滚。

Epipremnum aureum

绿萝

别名: 黄金葛、黄金藤。

科属: 天南星科麒麟叶属。

花期: 夏季。

花语: 坚韧善良、守望幸福。

绿萝属阴性植物,喜温暖、湿润和半阴的环境。不耐寒,怕干燥,忌强光。生长适温为15~25℃,超过30℃和低于15℃生长速度缓慢。

❀选购

以植株端正,不凌乱无序,下垂枝叶整齐、匀称,叶片厚实、绿色,无缺叶或断枝,没有黄叶和病虫害痕迹者为好。植株的茎叶比较柔嫩,携带时防止折伤叶片和茎节。

选盆 / 换盆

盆栽常用直径10~15厘米的盆,吊盆常用直径15~18厘米的盆,水培容器大小不等。每隔2年在春季换盆。

配土

盆土可以用培养土、腐叶土和粗沙的混合土。

浇水 / 光照

春季生长旺盛期,每周浇水1次,盆土保持湿润,常向叶面喷雾,遮光50%。夏季同春季,避免太阳暴晒。秋季空气干燥时应向叶面喷雾,适度光照。冬季室温不低于15℃,每半个月浇水1次,盆土保持稍干燥,不遮光。

施肥

5~8月每半月施肥1次,用稀释的腐熟饼肥水,或用"卉友"20-20-20通用肥,促进茎叶生长。若氮肥过多,则茎节生长过长,容易折断。若是水培绿萝,生长期每半月补充1次营养液。若用淘米水给绿萝施肥,须经沤制发酵,腐熟后才能使用,否则会引起烂根。

✂ 修剪

株高15~20厘米时摘心，促使多分枝，下垂分枝长短不一或过长时，修剪整形。盆栽2~3年，枝条过多过密时，下部叶片枯黄脱落或萎黄，可重剪更新。换盆时需剪除部分根系、下垂枝和黄叶，保持株形匀称。

🌱 繁殖

扦插：在5~10月进行扦插，将茎剪成20厘米一段，插于盛有河沙的盆内或用水苔包扎，放在25~30℃和空气湿度较大的环境中，插后1个月左右生根并萌发新芽。

🏠 病虫害

生长期主要有线虫引起的根腐病和叶斑病。根腐病可用3%呋喃丹颗粒剂防治，叶斑病可用75%百菌清可湿性粉剂800倍液喷洒防治。虫害有红蜘蛛，发生时用40%三氯杀螨净乳油3 000~4 000倍液喷杀。做好通风透光工作，有利于绿萝生长，免遭虫害侵袭。

Q 不败指南

绿萝的叶片变黄了是什么原因？

枝条过多过密、长期摆放在光线较差的位置、浇水过多等，都容易引起根部受损；室温过低或过高以及通风不畅、遭受虫害等，也会引起叶片变黄和脱落。

养花有益

绿萝可吸收甲醛、二氧化碳等气体，并释放出氧气。

绿萝的水培

1.挑选20厘米左右的茎剪断作为插条，断面要平滑、有斜面。
2.把插条放入盛有清水的瓶中，用塑料袋套好，保持湿度。
3.放在室内半阴处，定期换水即可。

Hydrocotyle vulgaris
铜钱草

别名：香菇草、南美天胡荽。
科属：伞形科天胡荽属。
花期：夏秋季。
花语：财源滚滚、招财、旺财。

喜温暖、湿润和阳光充足的环境，生长适温为20~28℃。铜钱草不争土、不争肥，只要光照和水充足，就会生机勃勃。

❀选购

以植株矮壮，叶片繁茂，青翠光亮，无病斑、焦斑者为好。

▽选盆 / 换盆

常用玻璃盆、瓷盆，以直径15~20厘米为宜，也可放鱼缸中水培。半年换1次盆，效果最好。

❧配土

盆土可用园土、腐叶土和河沙的混合土。

◊浇水 / 光照

春季生长期每2~3天浇水1次，盆土保持湿润，充足光照。夏季向叶面多喷雾，防止空气干燥，忌强光暴晒。秋季盆土保持湿润，见干即浇。冬季保持温度在10℃以上，摆放在温暖、有阳光处，盆土保持稍干燥，不能积水。

▣施肥

耐心等待其长出新叶才能正常施肥。生长期每月施肥1次，要控制氮肥用量，防止茎叶徒长，施肥时注意不要让肥液污染叶面。冬季停止施肥。

⚔修剪

春季当盆内长满根系时换盆，并分株整形。平时剪除病叶、黄叶、枯叶即可。剪断过高的叶丛，每周转动瓶位半周，达到株态匀称。

🌱 繁殖

分株：春季进行，将茎节上生长的顶端枝剪下或将密集株丛一分为二，可直接盆栽。扦插：夏季进行，剪取顶端嫩枝，长10~15厘米，插入沙床，在20~24℃环境下，约2周生根。播种：春秋季盆内播种，发芽适温为19~24℃，播后10天发芽。

🪟 病虫害

铜钱草的叶片和嫩枝易遭蜗牛危害，可在傍晚人工捕捉灭杀，或用3%石灰水100倍液喷杀。

Q 不败指南

铜钱草长得不直怎么办？

一是盆土长期过湿或过干，一定要做到"见干即浇"；二是要置于通风条件好的环境下；三是叶面要喷雾清洗，以免积累了灰尘，阻碍了光合作用。

赠花礼仪

铜钱草叶片圆、形似铜钱，寓意"招财""旺财"，适宜送给乔迁之喜和开张大吉的朋友。

铜钱草的水培

1. 将铜钱草从盆中取出，去除外围的宿土。

2. 将根部清洗干净，注意不要损伤根系。

3. 放进透明的玻璃器皿中水养，经常向叶面喷雾，有利于叶片生长。

注意，刚水养时每3~4天换水1次，出现白色根系后，可7~10天换水1次。茎叶生长过快时，剪断过高的叶丛，每周转动瓶位半周，达到株态匀称。

Hyacinthus orientalis

风信子

别名：西洋水仙。

科属：风信子科风信子属。

花期：春季。

花语：快乐之情。

喜凉爽、湿润和阳光充足的环境。不耐寒，怕强光。鳞茎在6℃以下生长最好，萌芽适温为5~10℃，叶片生长适温10~12℃，现蕾开花以15~18℃最有利。

❀ 选购

购买风信子盆花或切花，以花蕾显色的为好。为了保证开花，必须选用周径在16厘米以上的鳞茎，水养选用周径在18厘米以上的鳞茎更好。

▽ 选盆 / 换盆

常用直径12~15厘米的盆。水培常用广口玻璃瓶。每年秋季换盆，基本在11月左右。

⚘ 配土

盆土以肥沃、疏松和排水性好的沙质壤土为宜，可用腐叶土、培养土和粗沙的混合土。

💧 浇水 / 光照

春季开花期结束后，控制浇水量，避免土壤过湿出现烂根现象。保持充足光照。夏季停止浇水，盆土保持干燥。避免阳光直晒，适度遮光。秋季盆土保持凉爽湿润。若是水培风信子，每周换1次水。冬季盆栽盆土保持湿润，水培风信子要勤换水，并给予适度光照。

▣ 施肥

叶片生长期施肥1次或2次，花后可再施肥1次。若水培风信子，当长出3片或4片叶时，可每周向叶面喷洒0.1%磷酸二氢钾稀释液1次，或每2~3周施1次营养液，直至现蕾，但要避免营养液施用过多而导致水变质。

🪚 修剪

花后剪除花茎，防止消耗鳞茎养分，有利于鳞茎发育。水养鳞茎开花后，可将鳞茎取出，剪除开败的花序，栽植到土壤中，重新培育开花鳞茎。无论是盆栽、地栽或水培，开过花的风信子，第2年都不会再开花。若想用鳞茎再次培育开花，就必须对鳞茎进行处理。

🌱 繁殖

分株：母球栽植1年后可分生1个或2个子球，子球需到第3年成为开花种球。播种：秋播后覆土1厘米，翌年1~2月发芽。播种苗培育4~5年成为开花种鳞茎。

🧴 病虫害

有腐朽菌核病危害幼苗、鳞茎，碎色花瓣病危害花朵，茎线虫病危害地上部。鳞茎贮藏时剔除受伤和染病的鳞茎，并保持通风。

Q 不败指南

风信子的花朵上出现焦斑是什么原因？

出现焦斑很可能是因为开花时向花朵上浇水了，新手们浇水时应避开花朵。如果空气较为干燥，可向叶面适当喷雾。

风信子的水培

1. 鳞茎发根前，基部必须触及水面位置。
2. 发根后，降低水位留出空间，每周换1次水。
3. 鳞茎的根系生长时要遮光。

荷花

别名：莲花、水芙蓉。

科属：睡莲科睡莲属。

花期：夏季。

花语：洁身自好。

喜温暖、喜光、喜水和喜肥的水生植物。怕大水淹没和干旱。气温在20~30℃时对花蕾发育和开花最为适宜，24~26℃时对地下茎的生长有利。

❀选购

以植株健壮，立叶分布满盆，叶片完整，边缘波状，无黄叶、断叶和病虫叶为好。若选购种藕，要求健壮、新鲜，有饱满、完整的顶芽。

选盆 / 换盆

小型荷花常用直径26厘米的盆。忌用尖底盆。盆栽每年换盆。

配土

盆土以富含腐殖质的肥沃黏质土壤为宜，盆栽或缸栽荷花，应施足基肥。种藕必须带完整的顶芽，栽植时顶芽稍向上，随叶片的生长逐渐提高水位。秋末长藕期宜浅水。

浇水 / 光照

春季盆栽荷花，水深保持在6~10厘米。夏季随浮叶和立叶的生长，逐渐提高水位，保证充足光照。秋季宜浅水，忌忽然降温和狂风吹袭。冬季保持气温在10℃以上，需充足光照。

施肥

初期施足基肥，添加腐熟饼肥。进入开花前期，应追施速效性磷肥，每缸用0.1克磷酸二氢钾，每旬施1次。生长后期每半月1次，使用"卉友"15-30-15高磷肥。

修剪

剪除过多浮叶和枯黄的立叶。生长期不能摘叶或损伤叶片，否则影响种藕发育，荷叶要让其自然枯黄。

▲"大洒锦"品种　　　▲"江南春"品种　▲"秣陵秋色"品种

🌱 繁殖

播种：播前将种皮搓破，浸泡水中。待种皮膨胀后再播，发芽适温为25~28℃，播后1周左右发芽，荷花实生苗可当年开花。分株：4月上旬将主藕或子藕挖出，进行分栽，种藕须带完整的顶芽，否则当年不易开花。

病虫害

常见有斑枯病、斑点病和大蓑蛾、蚜虫、斜纹夜蛾危害。病害用25%多菌灵可湿性粉剂800倍液喷洒，虫害用90%敌百虫1500倍液喷杀。

不败指南

Q 院子里有水池，可以栽种荷花吗？

不是只有水池就可以栽种荷花。作为庭园布置，凡难于控制水位的水池，不宜种植荷花；凡背阳或光线不足的场所，也不宜养盆栽荷花。

赠花礼仪

荷花宜赠亲朋好友，表示赞扬对方"正直、人品高洁"。向新婚夫妇赠送并蒂莲，寓意"祥和幸福，白头偕老"。

Nymphaea tetragona

睡莲

别名：水百合、水芹花、子午莲。

科属：睡莲科睡莲属。

花期：夏秋季。

花语：心灵纯洁、幸福、信仰。

喜温暖、水湿和阳光充足环境。较耐寒，不耐干旱。生长适温为16~24℃，冬季温度不低于-10℃。

❀ 选购

选购盆栽时，要求植株健壮，叶片茂盛，成叶圆形，叶面深绿色，叶背红色。无黄叶，无病虫斑。如选购根状茎，则要求粗壮、新鲜、充实、浅褐色，根系白色者为佳。

▽ 选盆 / 换盆

盆栽选用微型品种，盆直径25~30厘米、深15~20厘米。缸栽用中型品种，缸直径50~60厘米、深25~40厘米。

～ 配土

可用塘泥土或水稻土。

◊ 浇水 / 光照

幼苗只需浅水，以5~15厘米为宜。移栽苗和正常生长植株，水深以20~40厘米为宜，最多不超过80厘米。栽培过程中应保持水质清洁，充足光照。

▦ 施肥

用腐熟饼肥作基肥。植株生长不旺时，可用尿素、磷酸二氢钾进行追肥。

⚒ 修剪

生长期要清除水中杂草，并剪除枯叶、老叶。

繁殖

播种：在3~4月盆播，播后将盆浸入水中，水面高出盆土4厘米左右，发芽适温为25~30℃，播后约15天发芽。出叶后随着茎叶的生长逐渐增加水的深度。分株：在3~4月，选择有新芽的根茎切成段，芽要饱满，栽种深度要求芽与土面齐平，一般水深在20~40厘米。

病虫害

生长期易受蚜虫危害，用40%氧化乐果乳油2000倍液喷杀。斜纹夜蛾危害，可用90%敌百虫乳剂1200倍液和青虫菌800倍液喷杀。

不败指南

Q　养睡莲的水面为什么长水苔、藻类？

不能将盆栽、缸栽睡莲长期放在荫蔽且通风条件差的场所。注意长期保持水质清洁，可用0.3%~0.5%硫酸铜喷洒。

赠花礼仪

睡莲是4月27日、5月8日和8月5日诞生者的生日之花，可以赠送给在这天过生日的亲友。

▶『日出』品种

▶『渴望者』品种

▶『贵妃』品种

▶『埃荆丝』品种

附录

全书植物拼音索引

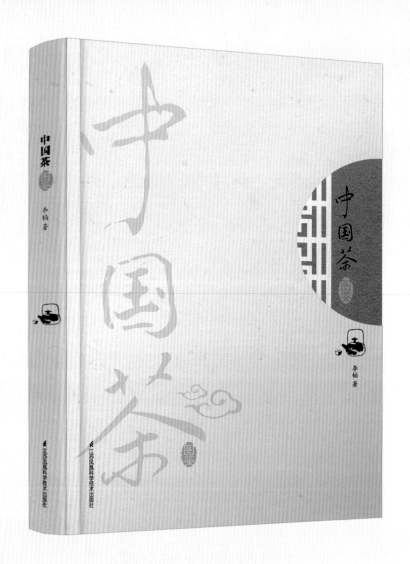

《中国茶图鉴》

李韬 著

定价: **138** 元

零基础茶道茶艺入门,300余种茶叶图鉴速查,一本书让你读懂中国茶。精装彩图典藏本,满载奉送茶艺精要;选茶、论水、择器、冲泡、鉴赏,从喝茶到懂茶;茶史、茶文化一本通,茶人入门到进阶。